企业安全风险评估技术与管控体系研究丛书
国家安全生产重特大事故防治关键技术科技项目
湖北省安全生产专项资金项目资助

金属冶炼企业
重大风险辨识评估与分级管控

王　彪　徐厚友　刘　见
向　幸　卢春雪　夏水国 ｜著

化学工业出版社
·北京·

内容简介

《金属冶炼企业重大风险辨识评估与分级管控》为"企业安全风险评估技术与管控体系研究丛书"的一个分册。

本书通过对国内外风险辨识评估技术与管控体系的研究及冶金行业典型事故案例的分析，提出基于遏制金属冶炼企业重特大事故的"五高"（高风险设备、高风险工艺、高风险物品、高风险作业、高风险场所）风险管控理论。本书重点阐述了金属冶炼企业"五高"风险辨识与评估技术，包括金属冶炼企业风险辨识与评估、"五高"风险辨识与评估程序、"5＋1＋N"指标体系、单元"5＋1＋N"指标计量模型、风险聚合方法。本书还介绍了风险分级管控模型及政府监管和企业风险管控的工作方法。

本书适合金属冶炼企业的主要负责人和安全管理人员、政府安全监管人员阅读，也适合高校和研究院所的教师、研究人员和学生参考。

图书在版编目（CIP）数据

金属冶炼企业重大风险辨识评估与分级管控/王彪等著．—北京：化学工业出版社，2022.10（2025.5重印）
（企业安全风险评估技术与管控体系研究丛书）
ISBN 978-7-122-41977-4

Ⅰ.①金…　Ⅱ.①王…　Ⅲ.①冶金工业-工业安全-安全管理-研究　Ⅳ.①TF088

中国版本图书馆 CIP 数据核字（2022）第 140254 号

责任编辑：高　震　杜进祥　　　　　　　装帧设计：韩　飞
责任校对：赵懿桐

出版发行：化学工业出版社（北京市东城区青年湖南街 13 号　邮政编码 100011）
印　　装：北京科印技术咨询服务有限公司数码印刷分部
710mm×1000mm　1/16　印张 14½　字数 229 千字　2025 年 5 月北京第 1 版第 2 次印刷

购书咨询：010-64518888　　　　　　　售后服务：010-64518899
网　　址：http://www.cip.com.cn
凡购买本书，如有缺损质量问题，本社销售中心负责调换。

定　　价：88.00 元　　　　　　　　　　　　版权所有　违者必究

丛书序言

安全生产是保护劳动者的生命健康和企业财产免受损失的基本保证。经济社会发展的每一个项目、每一个环节都要以安全为前提，不能有丝毫疏漏。当前我国经济已由高速增长阶段转向高质量发展阶段，城镇化持续推进过程中，生产经营规模不断扩大，新业态、新风险交织叠加，突出表现为风险隐患增多而本质安全水平不高、监管体制和法制体系建设有待完善、落实企业主体责任有待加强等。安全风险认不清、想不到和管不住的行业、领域、环节、部位普遍存在，重点行业领域安全风险长期居高不下，生产安全事故易发多发，尤其是重特大安全事故仍时有发生，安全生产总体仍处于爬坡过坎的艰难阶段。特别是昆山中荣"8·2"爆炸、天津港"8·12"爆炸、江苏响水"3·21"爆炸、湖北十堰"6·13"燃气爆炸等重特大事故给人民生命和国家财产造成严重损失，且影响深远。

2016年，国务院安委会发布了《关于实施遏制重特大事故工作指南构建双重预防机制的意见》（安委办〔2016〕11号），提出"着力构建企业双重预防机制"。该文件要求企业要对辨识出的安全风险进行分类梳理，对不同类别的安全风险，采用相应的风险评估方法确定安全风险等级，安全风险评估过程要突出遏制重特大事故。2022年，国务院安委会发布了《关于进一步强化安全生产责任落实坚决防范遏制重特大事故的若干措施》（安委〔2022〕6号），制定了十五条硬措施，发动各方力量全力抓好安全生产工作。

提高企业安全风险辨识能力，及时发现和管控风险点，使企业安全工作认得清、想得到、管得住，是遏制重特大事故的关键所在。"企业安全风险评估技术与管控体系研究丛书"通过对国内外风险辨识评估技术与管控体系的研究及对各行业典型事故案例分析，基于安全控制论以及风险管理理论，以遏制重特大事故为主要目标，首次提出基于"五高"风险（高风险设备、高风险工艺、高风险物品、高风险作业、高风险场所）"5＋1＋N"的辨识评估分级方法与管控技术，并与网络信息化平台结合，实现了风险管控的信息化，构建了风险监控预警与管理模式，属原创性风险管控理论和方法。推广应用该理论和方法，有利于企业风险实施动态管控、持续改进，也有利于政府部门对企业的风险实施分级、分类集约化监管，同时也为遏制重特大事故提供决策支持。

　　"企业安全风险评估技术与管控体系研究丛书"包含六个分册，分别为《企业安全风险辨识评估技术与管控体系》《危险化学品企业重大风险辨识评估与分级管控》《工贸行业重大风险辨识评估与分级管控 》《烟花爆竹企业重大风险辨识评估与分级管控 》《非煤矿山企业重大风险辨识评估与分级管控 》《金属冶炼企业重大风险辨识评估与分级管控》。丛书是众多专家多年潜心研究成果的结晶，介绍的企业安全风险管控的新思路和新方法，既有很高的学术价值，又对工程实践有很好的指导意义。希望丛书的出版，有助于读者了解并掌握"五高"辨识评估方法与管控技术，从源头上系统辨识风险、管控风险，消除事故隐患，帮助企业全面提升本质安全水平，坚决遏制重特大生产安全事故，促进企业高质量发展。

　　丛书基于 2017 年国家安全生产重特大事故防治关键技术科技项目"企业'五高'风险辨识与管控体系研究"（hubei-0002-2017AQ）和湖北省安全生产专项资金科技项目"基于遏制重特大事故的企业重大风险辨识评估技术与管控体系研究"的成果，编写过程中得到了湖北省应急管理厅、中钢集团武汉安全环保研究院有限公司、中国地质大学（武汉）、武汉科技大学、中南财经政法大学等单位的大力支持与协助，对他们的支持和帮助表示衷心的感谢！

"企业安全风险评估技术与管控体系研究丛书"丛书编委会
2022 年 12 月

前　言

　　金属冶炼企业存在工艺复杂，设备多样、体积大（如各种冶炼设备、运输设备），冶炼生产温度高等特点。金属冶炼企业还涉及高温熔融金属、煤气、爆炸性粉尘等危险性大的物料，容易发生火灾爆炸、中毒窒息、灼烫等事故，一旦防控不当，可能造成严重的人员伤亡、财产损失及设备损坏，并给社会造成恶劣影响。国家采取了一系列重大举措，包括出台金属冶炼企业安全生产规定、重大隐患判定标准，开展金属冶炼、冶金煤气等领域的专项隐患排查治理工作，对有效预防重特大事故的发生发挥了重要作用。

　　为了更加有利于对金属冶炼企业重大风险的系统风险评估和分级管控，推进事故预防工作科学化、信息化、标准化，中钢集团武汉安全环保研究院有限公司课题组对典型金属冶炼企业开展现场调研。收集近年来事故、安全评价报告、风险辨识等资料以及相关法律、法规、标准。按工艺划分单元进行风险辨识与评估，形成风险与隐患违规证据信息清单、"五高"风险清单；提出基于"5＋1＋N"的重大安全风险评估模式，提出固有风险以及动态风险的"五高"安全风险评估指标体系；构建风险评估模型，提出风险管控措施；重大风险分级管控信息平台功能设计；风险评估模型试点应用等，形成了基于遏制重特大事故的"五高"风险管控理论。该成果结合实际，制定科学的安全风险辨识程序和方法，系统性识别某个单元所面临的重大风险，分析事故发生的潜在原因，运用安全科学原理构建重大风险评估模型，建立基于现代信息技术的数据信息管控模式，全面实施和推进重大风险管理，对预防和减少重特大事故的发生具有重要意义。金属冶炼子课题项目组结合研究成果，编写了《金属冶炼企业重大风险辨识评估与分级管控》一书。

　　《金属冶炼企业重大风险辨识评估与分级管控》为"企业安全风险评估技术与管控体系研究丛书"的一个分册。共分六个章节，主要包括绪论、冶金行业风险辨识评估技术与管控体系研究现状、"五高"风险辨识与评估技术研究、风险评估模型应用分析、风险分级管控及研究总结。

　　本书由中钢集团武汉安全环保研究院有限公司项目组成员负责编写。本书第一章绪论由王彪、徐厚友撰写，第二章由刘见、向幸撰写，第三章由王彪、徐厚友撰写，第四章由徐厚友、刘见撰写，第五章由向幸、卢春雪、夏水国撰写。全书由王彪、徐厚友统稿。本书在编写过程中得到了湖北省应急管理厅、中国地质大学（武汉）、武汉科技大学、中南财经政法大学等单位的大力支持与协助，在此一并表示衷心的感谢。

　　由于著者水平有限，本书难免有疏漏或不妥之处，敬请读者予以指正。

著者
2022 年 3 月

目 录

第一章　绪　论

第一节 概　述

当前，我国正处在工业化、城镇化持续推进过程中，生产经营规模不断扩大，传统和新型生产经营方式并存，各类事故隐患和安全风险交织叠加，安全生产基础薄弱、监管体制机制和法律制度不完善、企业主体责任落实不力等问题依然突出，生产事故易发多发，尤其是重特大事故频发势头尚未得到有效遏制。

重特大事故具有后果严重、预防艰巨的特点，近年来发生的多起重特大事故给人民生命财产和社会造成严重损失，影响深远。为了遏制重特大事故，国家采取了一系列重大举措，包括持续不断的开展矿山、道路和水上交通运输、危险化学品、金属冶炼、烟花爆竹、民用爆破器材、冶金煤气、人员密集场所、涉氨制冷、涉尘爆场所等行业、领域的专项整治，建立安全生产隐患排查治理体系等，对有效预防重特大事故发挥了重要作用。但这些举措的出台往往是以事故为代价的。上海冷藏实业液氨泄漏事故后，国务院安委会出台《关于深入开展涉氨制冷企业液氨使用专项治理的通知》（安委〔2013〕6号）；江苏昆山市中荣金属制品有限公司"8·2"重大爆炸事故发生后，国家安全监管总局制定了《严防企业粉尘爆炸五条规定》（国家安全生产监督管理总局〔2014〕68号），这种管理模式很难保证今后不再发生"涉氯""涉氧"等重特大事故。新业态和新材料、新工艺、新设备、新技术的涌现，使安全生产事故诱因多样化、类型复合化、范围扩大化和影响持久化，想不到和管不到的行业、领域、环节、部位普遍存在，事故发生呈现由高危行业领域向其他行业领域蔓延的趋势。2010—2016年8月以来的事故统计数据表明，非传统重点监管行业（领域）重特大事故数量、比例都处于较高水平。国内近年发生的重特大事故表明，以行业为重点预防重特大事故的管理思路已经不能适应当前安全生产的实际需求。如何针对预防重特大事故建立具有精准性、前瞻性、系统性和全面性的防控体系，是摆在我们面前的一个重大课题。

为了遏制重特大事故，2016年国家提出推行风险分级管控、隐患排查治理双重预防性工作机制。《国务院安全生产委员会关于印发 2016 年安全生产工作要点的通知》（安委〔2016〕1 号）要求深入分析容易发生重特大事故的行业领域及关键环节，在矿山、危险化学品、道路和水上交通、建筑施工、铁路及高铁、城市轨道、民航、港口、油气输送管道、劳动密集型企业和人员密集场所等高风险行业领域，推行风险分级管控、隐患排查治理双重预防性工作机制，充分发挥安防工程、防控技术和管理制度的综合作用，构建两道防线。《国务院安委会办公室关于印发标本兼治遏制重特大事故工作指南的通知》（安委办〔2016〕3 号）和《国务院安委会办公室关于实施遏制重特大事故工作指南构建双重预防机制的意见》（安委办〔2016〕11 号），指出遏制重特大事故一定要坚持关口前移、风险预控、闭环管理、持续改进，推动各地区、各有关部门和企业准确把握安全生产的特点和规律，探索推行系统化、规范化的安全生产风险管理模式，努力构建理念先进、方法科学、控制有效的安全风险分级管控机制，逐步把双重预防性工作引入科学化、信息化、标准化的轨道，牢牢把握安全生产的主动权，实现把风险控制在隐患形成之前、把重特大事故消灭在萌芽状态。工作目标要求尽快建立健全安全风险分级管控和隐患排查治理的工作制度和规范。《国务院安全生产委员会关于印发 2017 年安全生产工作要点的通知》（安委〔2017〕1 号）要求贯彻落实《标本兼治遏制重特大事故工作指南》，制定并完善安全风险分级管控和隐患排查治理标准规范，指导、推动地方和企业加强安全风险评估、管控，健全隐患排查治理制度，不断完善预防工作机制。

为了贯彻落实国家的规定，2016 年，湖北省在推进"两化"[1] 体系建设过程中，重点要求企业开展重大风险（指高风险设备、高风险工艺、高风险场所、高风险物品、高风险岗位等"五高"[2] 风险）辨识，建立重大风险清单并制定控制措施，预防重特大事故的发生。在实施过程中，由于没有统一的重大风险辨识方法，导致部分企业的重大风险辨识不全，同类型企业的重大风险清单有较大差别，同时，由于没有重大风险评估分级方法，未能对重大风险实施分级管控，这些都影响了该项工作的实施效果。

重大风险管控是预防重特大事故发生的关键。结合实际制定科学的安全风险辨识程序和方法，系统性识别某个单元所面临的重大风险，分析事故发生的潜在原因，运用安全科学原理构建重大风险评估模型，建立基于现代信息技术的数据信息管控模式，全面实施和推进重大风险管理，对预防和减少重大事故的发生具有重大意义[3]。

第二节 研究内容及技术路线

一、研究目标

认真贯彻落实国家、湖北省关于安全生产的决策和部署，遵循"安全第一，预防为主，综合治理"的安全生产方针，按照"示范带动、风险优先、系统防控、全员参与、分级管控、持续改进"的工作原则，依照《国务院安委会办公室关于印发标本兼治遏制重特大事故工作指南的通知》（安委办〔2016〕3号）结合事故规律特点，抓住关键部位、关键环节，以冶金、有色、机械等行业典型企业为对象开展涉及金属冶炼工艺的高风险物品、高风险工艺、高风险设备、高风险场所、高风险作业（"五高"风险）安全风险辨识与评估，建立金属冶炼"五高"安全风险辨识与评估方法，提出金属冶炼"五高"风险辨识评估模型。根据金属冶炼企业实地调研情况，编制"五高"安全风险辨识清单。基于此，提出金属冶炼企业"五高"安全风险辨识、评估、管控体系，以提高金属冶炼企业的本质安全程度和安全管理水平，预防重特大事故，减轻事故危害后果为目的，为金属冶炼企业安全风险管控提供理论与技术指导。

通过对以冶金（有色）行业典型企业的调查与分析，金属冶炼典型事故的统计、分析和研究，本书提出金属冶炼重大风险辨识评估与分级管控体系，并在金属冶炼企业开展示范应用，主要研究内容包括：

（1）研究金属冶炼企业"五高"风险辨识方法；

（2）构建金属冶炼企业风险评估指标体系与风险分级模型；

（3）研究风险数据及各评估单元间风险指标的集成方法；

（4）研究企业风险和区域风险的聚合方法；

（5）形成金属冶炼企业"五高"风险管控体系。

二、关键技术问题

金属冶炼企业重大风险辨识评估分级方法与管控技术研究子课题的关键技

术问题包括：

① 重大风险（"五高"风险）的科学定义与界定；

② 建立科学、合理的金属冶炼企业重大风险评估模型；金属冶炼企业风险评估模型中各影响因素的确定与合理取值，如何建立满足信息化需求的风险评估指标体系；如何确定金属冶炼企业重大风险判定阈值与分级标准。

③ 不同级别风险的聚合问题。从企业风险聚合到区域的方法，包括由企业到县（区）的风险聚合、由县（区）到市的风险聚合。

三、研究内容

金属冶炼企业重大风险辨识评估分级方法与管控技术研究子课题的主要研究内容如下。

1. 金属冶炼企业重大风险辨识方法研究

① 金属冶炼企业典型事故案例分析。收集金属冶炼企业重特大事故案例，对典型事故案例进行分析，分析事故发生的原因、涉及的主要工艺、设备、场所等，寻找与事故相关的主要因子。

② 典型金属冶炼企业调研。对典型金属冶炼企业涉及的高风险物品、生产工艺水平、设备设施本质化安全状况等进行调查，为建立风险评估模型提供依据。

③ 金属冶炼企业风险辨识。对典型金属冶炼企业进行风险辨识，编制金属冶炼企业通用风险辨识清单，为"五高"风险清单编制提供基础信息。

④ 金属冶炼企业"五高"风险清单编制。根据金属冶炼企业风险辨识及案例分析结果，确定"五高"风险，分析与"五高"风险相关的主要因子，按典型金属冶炼企业类型编制"五高"固有风险指标和风险动态指标体系清单。

2. 金属冶炼企业重大风险评估体系研究

① 根据"五高"风险清单相关因子、企业风险管控状况及对风险有影响的主要因素，研究并确定金属冶炼企业重大风险评估体系指标的构成。

② 金属冶炼企业重大风险评估模型的建立，包括：风险点固有危险指数、单元固有危险指数、现实风险动态修正指数、风险点固有风险指标动态修正、单元固有危险指数动态修正、单元风险频率指标、单元初始高危风险、单元现实风险等内容。

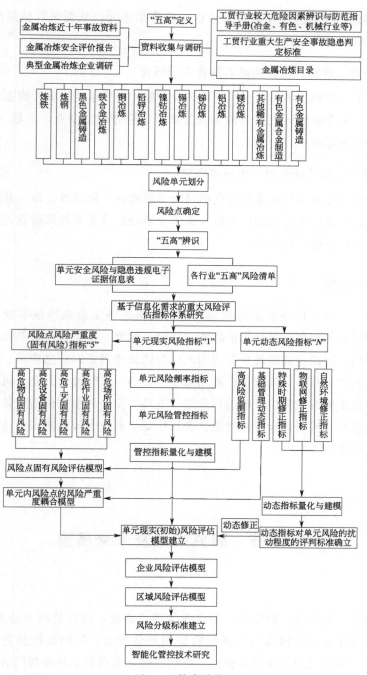

图 1-1 技术路线

③ 将评估模型应用在金属冶炼企业的典型单元，依据试算结果的可比性原则，制定单元风险分级标准。

3. 企业、行业、区域风险的聚合方法研究

研究不同类型、不同级别风险的聚合方法，主要包括从单元到企业的风险聚合方法，从企业到区域的风险聚合方法。研究并确定企业、区域（县、市）风险等级划分标准。

4. 智能化的风险分级管控技术研究

本书建立金属冶炼企业智能化的风险管控机制，确定省、市、县政府及其负有安全生产监管职责的部门乡镇（街道办事处）及企业的风险管控责任，形成系统性风险分级管控体系。

四、技术路线

对典型金属冶炼企业进行现场调研，收集近年来金属冶炼事故、安全评价、风险辨识等资料以及金属冶炼相关法规、标准，按工艺划分单元进行风险辨识与评估，形成金属冶炼企业通用风险与隐患违规证据信息清单、各类型金属冶炼工艺"五高"风险清单；提出基于"5+1+N"的重大安全风险评估模式，研究提出固有风险以及动态风险的"五高"安全风险评估指标体系；构建风险评估模型，提出风险管控措施。金属冶炼企业重大风险辨识评估与分级管控技术路线见图1-1。

第三节　研究成果及未来展望

本书基于系统学、控制学、信息学等理论方法，结合调研企业基础数据，提出了冶金企业固有风险与动态风险辨识评估技术，风险监控预警与管理模式，有利于企业风险实施动态管控、持续改进，也有利于政府部门对企业的风险实施分级、分类集约化监管。

一、研究成果

1. 提出由单元到风险点的金属冶炼企业重大风险辨识方法

基于遏制重特大事故的"五高"风险管控思想，借鉴安全标准化单元划分经验并结合实地调研和事故案例分析的结果，提出了适用于金属冶炼企业的重大风险辨识和评估分级方法，从单元到风险点，系统地对金属冶炼企业内的"五高"进行辨识和评估。依据工艺特点，最后分析单元内的事故风险点，进而辨识评估风险点的五高风险。

2. 编制汇总金属冶炼企业的"五高"风险清单

依据本书所提出的金属冶炼企业重大风险辨识方法，形成单元高危风险清单，进而汇聚成金属冶炼企业的安全风险清单。编制了金属冶炼企业"五高"风险清单，从而具体展示了"五高"风险的存在部位和危险特性，为后期的风险评价提供依据和参考。

3. 建立针对"五高"的风险评估模型

本书构建了满足信息化需求的风险评估指标体系，即"5＋1＋N"风险指标体系。"5"即五大固有风险指标：设备本质安全化水平，监测监控设施失效率，物质危险性，场所人员风险暴露指数，高风险作业种类。其中，设备本质安全化水平表征高风险设备，监测监控设施失效率表征工艺，物质危险性表征高风险物品，场所人员风险暴露指数表征高风险场所，高风险作业种类表征作业的危险性。"1"指表征事故风险频率变化的风险频率指标，通过标准化的等级来确定。"N"指工贸行业风险动态调整指标，包括物联网监测指标、事故隐患动态指标、事故大数据指标、特殊时期动态指标以及自然环境的动态指标。根据"5＋1＋N"风险指标体系提出了"5＋1＋N"风险指标计量方案，确定固有危险指数、物质危险指数、场所人员暴露指数、监测监控设施失效率修正系数、高风险作业危险性修正系数、物联网监测指标、事故隐患动态指标、事故大数据指标、特殊时期动态指标以及自然环境动态指标的赋值方法。

基于"5＋1＋N"风险指标体系和"5＋1＋N"风险指标计量方案建立单元风险评估模型，在固有风险评估模型基础上，综合考虑高危风险监测特征指标、特殊时期指标和自然环境指标对风险点初始安全风险、单元固有危险指数进行修正，并将事故隐患、生产事故等安全生产管理基础动态指标纳入风险评估模型中。按照评估模型依次计算区域风险和现实风险，最终得出金属冶炼企业的整体风险，按照风险分级方法实施风险分级。根据风险清单和评估模型的试算应用结果，确定四级风险的分级阈值，依照所计算的风险阈值判断金属冶炼企业的风险等级。风险阈值的计算方法包括以暴露指数、物质危险性为主要依据的类"穷举法"以及以事故后果为依托的"权重"计算法。

4. 构建金属冶炼企业重大风险分级智能化管控体系

以金属冶炼企业安全风险辨识清单和五高风险辨识评估模型为基础，对金属冶炼企业的安全风险全面辨识和评估，建立金属冶炼企业安全风险"PD-CA"闭环管控模式，构建源头辨识、分类管控、过程控制、持续改进、全员参与的安全风险管控体系。基于隐患和违章电子取证进行远程管控和执法，依靠风险一张图和智能监测系统进行风险信息的钻取和监测，从通用风险清单辨识管控、重大风险管控、单元高危风险管控和动态风险管控四个方面实现冶金工贸行业风险分类管控，确定各级政府及负有安全生产监管职责的部门乡镇及企业的风险管控责任，形成智能化、系统化的风险分级管控体系。

二、研究意义

本书结合现代化信息技术手段，建设集风险辨识、评估分级、监控预警于一体的信息平台，可以实现"五高"风险识别及快速定位、风险自动评估分级、风险预警及风险趋势预测智能化。本书建立了科学、合理的金属冶炼企业重大风险评估模型，对"五高"风险的辨识作了科学系统的描述，解决了不同类型、级别风险的聚合问题，对金属冶炼企业的安全管控有以下重大意义。

① 开创性地提出了从单元到风险点的"五高"风险辨识评估方法，将金属冶炼企业存在的风险以风险清单的形式具体展现，有助于金属冶炼企业及时排查管控风险。

② 基于"5＋1＋N"风险指标体系和"5＋1＋N"风险指标计量方案，创新性地提出了针对金属冶炼企业的单元风险评估模型，对"五高"风险进行分级，有利于金属冶炼企业详细掌握安全状况。

③ 通过建立安全风险智能管控体系，依托智慧安监与事故应急一体化云平台形成统一的隐患捕获、远程执法、治理、验收方法，实现风险管控的系统

化、智能化、高效化，有利于冶金工贸行业施行动态风险评估、摸清危险源本底数据、搞清危险源状况、高效快速处置突发事件。

④ 通过对"五高"风险进行分级，从政府监管和企业管控两个层面，科学、合理地完成风险监管任务。政府监管层面，各级安全监管部门针对不同风险级别的金属冶炼企业制订执法检查计划，并在执法检查频次、执法检查重点等方面体现差异化，根据风险评估分级、监测预警等级，省、市、区县三级应急管理部门分级负责预警监督、警示通报、现场核查、监督执法等工作，增强对金属冶炼企业的质量监督管理。企业自身管控层面，促使企业强化自我管理，提升安全管理水平，加强风险点的管理分工，推动改善安全生产条件，采取有效的风险控制措施降低安全生产风险，实现金属冶炼企业风险的精准管控，提高工作效率和经济效益。

三、未来展望

未来将进一步推动"五高"风险辨识和管控的智能化，使用计算机、大数据等实现风险因子的识别与预警，并将其纳入"五高"风险辨识评估模型中，提高风险管控效率。

参考文献

[1] 湖北省安全生产监督管理局．隐患排查"两化"体系建设[J]．劳动保护，2015，(4)：20-23．

[2] 徐克，陈先锋．基于重特大事故预防的"五高"风险管控体系[J]．武汉理工大学学报(信息与管理工程版)，2017，39(6)：649-653．

[3] 王先华，夏水国，王彪．企业重大风险辨识评估技术与管控体系研究[A]．中国金属学会冶金安全与健康分会．2019年中国金属学会冶金安全与健康年会论文集[C]．中国金属学会冶金安全与健康分会：中国金属学会，2019：71-73．

第二章

冶金行业风险辨识评估技术与管控体系研究现状

第一节　国内外风险辨识评估技术研究现状

一、国外研究现状

风险辨识评估技术是伴随着安全系统工程的理论发展而来的。20 世纪 40 年代，由于制造业向规模化、集约化方向发展，系统安全理论应运而生，逐渐形成了安全系统工程的理论和方法。1964 年，美国陶氏（DOW）化学公司根据化工生产的特点，开发出"火灾、爆炸危险指数评价法"，用于化工生产装置的安全评价。1976 年，日本劳动省颁布了"化工厂六阶段安全评价法"，采用了一整套安全系统工程的综合分析和评价方法，使化工厂的安全性在规划、设计阶段就能得到充分的保障。安全风险辨识、评估技术已在现代安全管理中占有重要的地位[1]。

由于风险辨识评估在减少事故，特别是减少重大事故方面取得了巨大效益，许多国家政府和生产经营单位投入巨额资金。美国原子能委员会 1974 年发表的《核电站风险报告》，就用了 70 人·年的工作量，耗资 300 万美元，相当于建造一座 1000MW 核电站投资的 1%。据统计，美国各公司共雇用了约 3000 名的风险专业评价和管理人员，美国、加拿大等国有许多专门从事安全评价的"风险评价咨询公司"。当前，大多数工业发达国家已将风险评价作为工厂设计和选址、系统设计、工艺过程、事故预防措施及制订应急计划的重要依据。近年来，为了适应风险评价的需要，世界各国开发了包括危险辨识、事故后果模型、事故频率分析、综合危险定量分析等内容的商用化风险评价计算机软件包。随着信息处理技术和事故预防技术的进步，新型实用的风险评价软件不断地推向市场。计算机风险评价软件的开发研究，为风险评价的应用研究开辟了更加广阔的空间[2]。

二、国内研究现状

1. 我国风险辨识评估技术发展情况

20 世纪 80 年代初期，系统安全被引入我国。通过消化、吸收国外安全检查表和安全风险的方法，机械、冶金、航天、航空等行业的有关企业开始应用风险分析评价方法，如安全检查表（SCL）、事故树分析（FTA）、失效模式及影响分析（FEMA）、预先危险性分析（PHA）、危险与可操作性研究（HAZOP）、作业条件危险性评价（LEC）等。在许多企业，安全检查表和事故分析法已应用于生产班组和操作岗位。此外，一些石油、化工等易燃、易爆危险性较大的企业，应用陶氏（DOW）化学公司的火灾爆炸指数评价方法进行评价，许多行业和地方政府部门制定了安全检查表和评价标准。

国家"八五"科技攻关课题中，安全风险辨识评估技术研究被列为重点攻关项目。由劳动部劳动保护科学研究所等单位完成的"易燃、易爆、有毒重大危险源辨识、评价技术研究"项目[3]，将重大危险源评价分为固有危险性评价和现实危险性评价，后者在前者的基础上考虑各种控制因素，反映了人对控制事故发生和事故后果扩大的主观能动作用。"易燃、易爆、有毒重大危险源辨识、评价方法"填补了我国跨行业重大危险源评价方法的空白；在事故严重度评价中建立了伤害模型库，采用了定量的计算方法，使我国工业安全评价方法的研究从定性评价进入定量评价阶段。

与此同时，安全风险预评价工作在建设项目"三同时"工作向纵深发展过程中开展起来。经过几年的实践，1996年，劳动部颁发了第3号令，规定六类建设项目必须进行劳动安全卫生预评价。预评价是根据建设项目的可行性研究报告内容，运用科学的评价方法，分析和预测该建设项目存在的职业危险有害因素的种类和危险、危害程度，提出合理可行的安全技术和管理对策，作为该建设项目初步设计中安全技术设计和安全管理、监察的主要依据。

国务院机构改革后，国家安全生产监督管理总局重申要继续做好建设项目安全预评价、安全验收评价、安全现状综合评价及专项安全评价。2002年6月29日颁布了《中华人民共和国安全生产法》，规定生产经营单位的建设项目必须实施"三同时"，同时还规定矿山建设项目和用于生产、储存危险物品的建设项目应进行安全条件论证和安全评价。

2000年以后企业升级活动的需要，推动了我国安全评价工作的发展。一些业务主管部门开发了适合其特点的数学模型[4]，并颁发了本部门的安全评价办法。

曾颁布实施的《机械工厂安全性评价标准》，以检查表打分的办法将评价内容分为综合管理、危险性和劳动卫生与作业环境三大部分，分别赋予230、600、170分的权重，以总计得分多少来评定企业的安全水平，是我国实施较早的一个安全性评价标准。该办法数模结构简单，规定较细，易于推广应用，凝聚了该行业科技人员和安全管理人员的智慧及经验。但也有美中不足之处。

① 评价模型的立论根据、建模原则及有关因素内涵和赋值，尚需严密的科学论证。

② 评价模型属静态模型。

③ 以评估企业宏观安全等级为主要目的。危险指数评价法在我国化工行业应用比较普遍[5]。"光气生产安全评价三阶段法"就是一个典型例子。此类评价办法一般引用陶氏化学公司的火灾爆炸危险指数评价法，通过评价计算确定火灾爆炸指数，确定危险影响范围及可能造成的最大财产和停工损失。对于控制作用，也由三个小于1的系数 C_1、C_2、C_3 进行修正，以确定实际损失估计值。该方法是在结合我国企业实际的基础上，引用国外技术和经验而形成，比较适合行业的需要，但其评价参数取值范围过宽，选用时缺乏一定标准，因而难以保证评价结果精度。

2. 我国风险辨识评估技术应用现状

近些年来，不少企业和研究单位也探索提出了许多安全评价、风险评估方法，但归纳起来，除一部分类似于原机械委的检查表评分方法外，有的混合采用了国外的一些安全评价方法，有的属模糊评价。模糊评价法虽然对于评定企业安全等级可发挥一定的作用，但从系统控制的角度考虑，因其难以提出改进安全工作的参考信息，故不是一种理想的方法。

当前，虽然我国原煤、钢、水泥、化肥、微型计算机、彩电等主要工业产品产量以及固定电话、移动电话和互联网用户数均居世界第一；轻工、纺织、机械、家电、成品油、乙烯、部分有色金属产量位居世界前列；航空、航天、船舶等国防科技工业发展取得举世瞩目的成就，但是，随着新业态和新材料、新工艺、新设备、新技术的涌现，随之而来的则是安全生产事故诱因多样化、类型复合化、范围扩大化和影响持久化，想不到和管不到的行业、领域、环节、部位普遍存在；另外，部分工业企业大多设备陈旧，更新换代不快，有的甚至处于超负荷或带病运行或超期服役的状态，导致生产系统中潜伏着许多隐患，加之管理水平不高，人员素质参差不齐，安全问题十分突出。一些事故发生呈现由高危行业领域向其他行业领域蔓延的趋势，历年来事故统计数据表明，非传统重点监管行业（领域）重特大事故数量、比例都处于较高水平。国内近年发生的重特大事故表明，以行业为重点预防重特大事故的管理思路已经不能适应当前安全生产的实际，如何针对预防重特大事故建立具有精准性、前瞻性、系统性和全面性的防控体系，是摆在我们面前的一个重大课题。

从以上分析可以看出，目前国内外已问世的安全评价方法，都有一定的局限性，还不能充分满足需要。因此，必须更新观念，综合利用近年来边缘学科的最新成就，提高安全评价技术水平。其中，重要的是借鉴安全控制论的理论和方法，解决安全定量问题，并建立动态的数学模型[6]。

当前软科学发展趋势，主要是运用系统科学的系统论、控制论、信息论（所谓的三论）——更新观念和方法。例如，系统论中的开放系统、封闭系统、自组织系统、系统的进化与控制；控制论中的反馈控制以及信息论中的若干基本概念，几乎已渗透到所有科学技术领域。因此，许多学科发生了巨大的变化，产生了许多新学科，如工程控制论、经济控制论、社会控制论、生物控制论、人口控制论等。

安全科学界也不例外，继 20 世纪 60 年代提出系统安全概念，20 世纪 70 年代中期以来，国内外陆续有人提出安全控制论的概念。美国 Auburn 大学的 D. B. Brown 和南加利福尼亚大学的 S. W. Malasky，相继于 1976 年、1981 年初步提出在安全工程中运用控制论的设想，德国学者 A. Kuhlman 在 1981 年出版的《安全科学概论》一书中，也有类似见解。但至今，尚未见到安全控制论的具体成果，更谈不上在安全评价方面的应用[7]。

我国关于安全控制论的研究工作，基本与 Kuhlman 同时起步，1982 年已有人提出与之类似的主张，1988 年提出安全控制论的状态方程和运用卡尔曼滤波器进行系统辨识问题[8]。至此，我国已从概念研究阶段，进入建立安全控制理论体系更高层次的研究阶段。

另外，由于现代统计分析和决策分析技术的发展，过去对于一些难以定量分析的属性变量的数量化问题，只能凭个人经验判断，近年来也已找到一些解决办法。

综合上述可见，以"系统论、控制论、信息论的指导思想"等三项工作原则指导风险评估技术研究，既符合当前软科学发展潮流，也具备了开发研究的主客观条件。基于这种认识所提出的安全控制论评价方法可以较全面地满足以危险控制为核心内容的现代安全管理的要求。

第二节　国内外风险管控体系研究现状

一、国外研究现状

风险管控体系以风险辨识评估作为基础和核心内容，在国际上已发展出广为流行的 OHSMS、NOSA、ISO 等安全风险管理体系，应用体系化、标准化的安全管理模式已成为趋势。

风险管理体系以风险辨识及控制为主线，以 PDCA 闭环管理为原则，系统地提出了安全生产管理的具体内容，指明了风险管控的目标、规范要求与管理途径，为管理与作业的规范化提出了具体的工作指导。相关标准如英国的 BS8800：1996-OHSAS：1999，国际损失控制协会（ILCT）的国际安全评定系统（ISRS），澳大利亚的 AS/NZS4801 职业安全健康管理体系，日本工业安全健康协会的职业安全管理体系导则，跨国公司 Shell、ICI 的安全管理系统等。如今，国际上广为流行的 OHSMS、ISO14000、ISO9000、NOSA、IGH 等体系被越来越多的企业所运用。世界 500 强企业安全管理主要采取三大模式：第一种是企业自主开发的安全管理系统（壳牌石油公司、通用公司）；第二种是基于行为的安全管理系统（如杜邦公司安全训练观察计划）；第三种是政府或者行业组织制定的标准，如 OSHMS、NOSA、ISO 等等。

二、国内研究现状

我国在 20 世纪 80 年代逐步由引进风险管理思想转变为自己综合深入研究风险问题的诸多方面。在围绕企业总体经营目标、建立健全全面风险管理体系的同时，安全生产管理也在传统的经验管理、制度管理的基础上，引入并强化了预防为主的风险管理。

1999年10月，国家经贸委颁布了《职业健康安全管理体系试行标准》，2001年11月12日，国家质量监督检验检疫总局正式颁布了《职业健康安全管理体系规范》，自2002年1月1日起实施，标准号为GB/T 28001—2001，属推荐性国家标准，该标准与OHSAS18001内容基本一致，现行最新版为GB/T 45001—2020《职业健康安全管理体系要求及使用指南》。截至目前，我国已有数万家组织/企业通过了职业健康安全管理体系认证。该标准要求"组织应建立并保持程序，以便持续进行危险源辨识、风险评价和必要控制措施的确定"。

2003年，国家煤矿安全监察局将质量标准化拓展为"安全质量标准化"，在全国所有生产煤矿及新建、技改煤矿大力推动煤矿安全质量标准化建设。2004年后，工矿、商贸、交通、建筑施工等企业逐步开展安全质量标准化活动。2010年，《企业安全生产标准化基本规范》发布，对开展安全生产标准化建设的核心思想、基本内容、考评办法等进行规范，成为各行业企业制定安全生产标准化评定标准、实施安全生产标准化建设的基本要求和核心依据，其中"安全风险管控与隐患排查治理"是企业安全生产标准化建设的核心要素之一。

第一个全面风险管理指导性文件在2006年6月发布，即国务院国资委发布的《中央企业全面风险管理指引》，我国进入了风险管理理论研究与应用的新阶段。

风险防控管理虽然是近些年才运用到安全工程领域的一门科学，但得到了我国相当多企业的认同，并在实践中结合企业实际，形成了企业独有的风险预控管理系统。例如，南方电网有限责任公司早在2003年5月就由中国南方电网公司原安监部开展了现代安全管理体系研究。2005年中国南方电网公司组织编制了《电力企业安健环综合风险管理体系指南（PCAP体系）》，2007年结合电网企业自身的特点，对PCAP体系进行了改进和修编，形成了南方电网公司自主知识产权的《安全生产风险管理体系》，并开始组织实施推广。

党的十八大以来，党中央、国务院把"安全风险管控与隐患排查治理"作为进一步加强安全生产工作的治本之策。国务院安委会办公室、国家安全生产监督管理总局、各地区、各有关部门和单位以及社会各方面在党中央、国务院的坚强领导下，做了大量工作，事故防范和应急处置能力明显增强，取得的成效也很明显，事故总量大幅度下降，重特大事故明显减少，全国安全生产形势持续稳定好转。单就安全风险管控工作而言，总的看来，自从《中共中央国务院关于加强安全生产领域发展改革的意见》[9] 对此提出明确具体要求后，国务院安委会办公室先后下发了《关于印发标本兼治遏制重特大事故工作指南的通知》（安委办〔2016〕3 号）、《关于实施遏制重特大事故工作指南构建双重预防机制的意见》[10]（安委办〔2016〕11 号）、《关于实施遏制重特大事故工作指南全面加强安全生产源头管控和安全准入工作的指导意见》（安委办〔2017〕7 号），要求把安全风险管控、职业病防治纳入经济和社会发展规划、区域开发规划，把安全风险管控纳入城乡总体规划，实行重大安全风险"一票否决"。要组织开展安全风险评估和防控风险论证，明确重大危险源清单。要制定科学的安全风险辨识程序和方法，全面开展安全风险辨识。要构建形成点、线、面有机结合、无缝对接的安全风险分级管控和隐患排查治理双重预防性的工作体系。

为了指导地方政府和企业开展双重预防机制建设，原国家安全监管总局遏制重特大事故工作协调小组编制了《构建风险分级管控和隐患排查治理双重预防机制基本方法》，指出了构建企业双重预防机制、构建城市双重预防机制的工作目标与基本要求、风险辨识与评估、风险分级管控的程序和内容等，并列举了相关案例。一些地方、部门和单位尤其是各级安全监管部门、煤矿安全监察机构开始重视并着手进行研究，率先对本地区、单位的安全风险点进行了辨识、认定、分类、评估并分级分档进行了管控，收到了良好效果，且创造出一些先进的管理思想、理念、方法和经验。

第三节　典型案例与分析

冶金是从矿物中提取金属或其化合物制成金属材料的过程。冶金企业一般包括矿山、烧结、焦化、耐火、炼铁、炼钢、轧钢、有色金属冶炼及加工、能源动力、氧气、其他辅助配套厂等。冶金行业是我国国民经济的重要基础产业，在经济建设中具有不可替代的作用。同时，冶金企业生产链长、复杂，涉及高温熔融金属、易燃易爆和有毒有害气体、高能高压设备、危险矿井及尾矿库等很多有较大风险的危险因素，容易引发安全生产事故。据中国安全生产协会冶金安全专业委员会统计，2016 年，全国 31 个大型冶金企业共发生伤亡事故 424 起，其中死亡事故 23 起，死亡 36 人，平均千人死亡率 0.039。总体上来看，冶金行业安全生产形势持续稳定好转，但较大和重大事故时有发生，依旧需重点管控[11]。

一、冶金企业伤亡事故统计

对 2010 年—2016 年期间全国主要冶金企业事故起数、伤亡人数、各工序的分布、主要事故类别进行统计、汇总分析。

1. 事故起数和伤亡人数

2010 年—2016 年全国主要冶金企业事故起数见表 2-1。

表 2-1　2010 年—2016 年全国主要冶金企业事故数汇总表

年份/年	统计家数	死亡			重伤			轻伤		
		起数/起	人数/人	平均千人死亡率	起数/起	人数/人	平均千人重伤率	起数/起	人数/人	平均千人轻伤率
2010	31 家	36	38	0.032	26	30	0.025	536	550	0.517
2011	36 家	35	48	0.43	18	18	0.016	410	417	0.428
2012	36 家	39	56	0.049	32	41	0.037	374	391	0.354
2013	34 家	37	44	0.04	60	65	0.06	598	627	0.63
2014	34 家	40	41	0.04	26	26	0.02	502	531	0.53
2015	38 家	29	35	0.332	17	19	0.0265	421	425	0.3896
2016	39 家	23	36	0.039	24	28	0.03	377	409	0.474

2010 年—2016 年统计的事故起数和伤亡人数变化趋势见图 2-1 和图 2-2。总体上事故起数和伤亡人数均呈下降趋势。

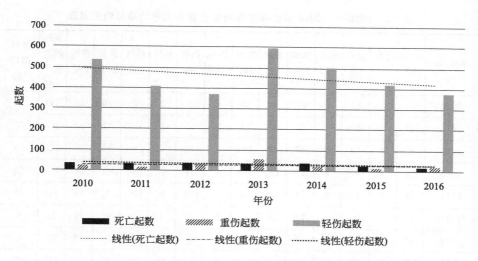

图 2-1　全国主要冶金企业事故起数量随年份变化的趋势图

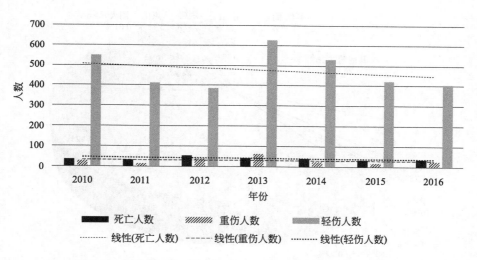

图 2-2　全国主要冶金企业事故伤亡人数随年份变化的趋势图

2. 事故在各工序的分布

主要冶金企业 2010 年—2016 年各工序的事故起数见表 2-2。分布情况见图 2-3。从图 2-3 可知，事故主要发生工序为炼铁厂、炼钢厂、轧钢厂、其他辅助生产部门。占总伤亡起数的 77.19%。

表 2-2　2010 年—2016 年全国主要冶金企业各工序的事故数汇总表

年份/年	矿山/起	烧结/起	焦化/起	耐火/起	炼铁/起	炼钢/起	轧钢/起	供热/起	供电/起	氧气/起	燃气/起	铁合金/起	建筑/起	其他辅助生产/起	其他部门/起
2010	45	0	16	7	67	99	88	6	2	3	2	10	50	141	10
2011	16	14	19	4	62	69	74	0	6	4	0	12	32	104	23
2012	12	8	19	0	47	55	103	1	10	2	0	10	27	118	16
2013	16	7	11	6	77	110	104	0	11	0	0	3	24	173	23
2014	19	8	11	2	73	97	89	0	12	0	0	4	24	163	15
2015	14	7	15	0	74	70	81	0	5	1	1	0	18	85	9
2016	19	5	7	0	53	45	37	0	5	3	0	1	17	57	5
合计	141	49	98	19	453	545	576	7	51	13	3	40	192	841	101

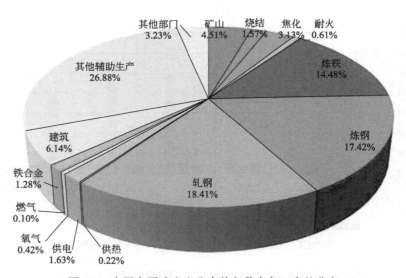

图 2-3　全国主要冶金企业事故起数在各工序的分布

3. 事故的主要类别

主要冶金企业 2010 年—2016 年各事故类别发生起数见表 2-3，分布情况见图 2-4。从图 2-4 可知，主要事故类别为：机械伤害、高处坠落、物体打击、起重伤害、灼烫、其他伤害。占总伤亡起数的 73.56%。

表 2-3　2010 年—2016 年全国主要冶金企业事故类别发生起数汇总表

年份/年	物体打击/起	提升、车辆伤害/起	机械伤害/起	起重伤害/起	触电/起	淹溺/起	灼烫/起	火灾/起	高处坠落/起	冒顶片帮/起	其他爆炸/起	中毒窒息/起	其他伤害/起
2010	36	15	33	24	5	0	18	0	26	1	1	15	61
2011	22	2	34	13	4	0	12	0	18	0	0	5	14
2012	8	1	25	10	5	0	9	0	6	0	0	5	7
2013	22	3	27	9	1	0	16	0	24	0	0	9	32
2014	40	4	39	15	1	0	19	0	39	0	0	13	41
2015	4	5	25	12	3	1	9	1	8	0	0	4	17
2016	18	2	15	2	4	0	3	1	11	2	1	6	10
合计	150	32	198	85	23	1	86	2	132	3	2	57	182

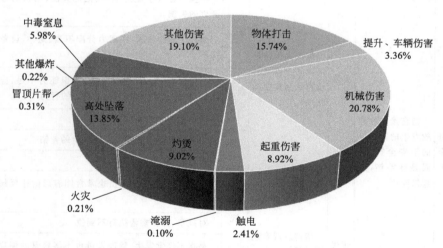

图 2-4　全国主要冶金企业各类事故发生起数的分布

二、冶金企业事故原因分析

根据海因里希的统计，对事故原因进行分析，人的不安全行为因素占 88%，物的不安全状态因素 12%；杜邦的统计，人的不安全行为因素占 96%，物的不安全状态因素 4%。人的因素是事故原因分析的重点。采用人为因素分析和分类系统（HFACS）模型来分析冶金企业事故原因[12]。分析的对象为

2004 年—2016 年期间的 397 起冶金企业事故案例。

1. 分析模型介绍

人为因素分析和分类系统（HFACS）起源于航空事故分析，从人的因素的角度来分析事故原因（也涵盖了人、机、物、法、环中的其他因素）。目前已被广泛应用到航空、矿山、建筑、交通、电力等行业的事故分析中。它的分析框架分为四个层次：组织影响、不安全监督、不安全行为的前提条件和不安全行为，每个层次又分为很多次级要素。本报告在原始模型的基础上，就末级要素针对冶金行业事故分析中可能涉及的分析因素做了细化。具体要素及解释见表 2-4。

表 2-4　人为因素分析和分类系统（HFACS）框架及解释

层级及解释		次级因素及解释		末级因素及解释
L1 不安全行为	指直接导致事故发生的操作者的不安全行为，属显性差错，或直接原因	失误	指个人的精神活动和身体活动没有达到预期的结果	技能失误	指操作者由于注意不当、记忆失能、消极的习惯产生的失误
					漏掉了操作步骤，注意力分配不当，走神，设备使用不当
				决策失误	指操作者在执行任务时，因知识能力不足、应对不恰当，做出了错误决策，是有意的行为
					知识能力不足，应对不恰当
				知觉差错	知觉与实际情况不一致时产生的差错
					错觉
		违规	指违反规章制度的行为	习惯性违规	指经常性的、管理人员也常常能容忍的违反规章制度的行为
					对规章、操作规程执行不到位
				偶然性违规	是指不经常发生、管理人员也不能容忍的偏离规章制度甚远的违规
					冒险作业，没有资格的或得不到许可的作业，没有执行安全技术措施，其他严重违章行为
L2 不安全行为的前提条件	指直接影响操作者不安全行为发生的原因	操作者状态	指影响操作者工作效果的自身状态	精神状态差	指因睡眠缺乏和其他应激源、个性特征、态度问题影响操作者工作效果的自身精神状态
					精神疲劳，失去情景意识，警惕性差，自负，不负责

续表

层级及解释		次级因素及解释		末级因素及解释	
L2 不安全行为的前提条件	指直接影响操作者不安全行为发生的原因	操作者状态	指影响操作者工作效果的自身状态	生理状态差	指妨碍安全操作的个人生理状态
					带病作业,身体疲劳
				能力局限	指操作要求超过个人能力范围的情况
					视觉、听觉局限,任务超负荷,能力、经验不足
		人员因素	指班组人员个人准备不足、个人间协同不良	班组资源管理	指班组间人员沟通、协作问题
					信息传递不畅,缺少合作,作业前安全交底不足
				个人准备状态	指个体在体力上、精力、意识上未准备充分
					休息不充分、精力不足,训练不足,对危险认识不足
		环境因素	指操作者的操作环境和内容问题引发不安全行为	物理环境	指引起个体的操作环境不良引发不安全行为
					高温,照明不足,噪声,振动,有害气体,缺氧,场地狭窄,场地湿滑
				技术环境	指设备、人机界面设计不良、防护不足引发不安全行为
					设备设计问题,防护设施不足
L3 不安全的监督	指对班组、操作人员及其操作环境的直接监督、管理问题	监督不充分	指对班组和操作者的指导、监督、培训、激励不足,对设备设施隐患排查不足、维护不足		
			对隐患排查不足,设备维护不足,对危险源辨识不足,指导、监督不足,提供的培训不足,提供的技术、程序缺陷		
		运行计划不恰当	指对班组和操作者的任务安排、人员搭配安排不合理		
			任务安排不合理,人员搭配不当		
		对问题未纠正	指监督者发现了个体、设备和其他相关安全问题后,没有采取控制措施		
			对危险行为未制止,对安全隐患未采取措施,对危险事件、不安全趋势未采取措施		
		监督违规	指监督者故意忽视、违反规章制度		
			监督者违章指挥,强令违章、冒险作业,授权无资质人员作业		

续表

层级及解释	次级因素及解释		末级因素及解释
L4组织影响	管理系统对监督实施、操作者的状态和行为的影响	资源管理	指对人力、设备、资金等组织资源的分配方面的问题
			人员的选拔、配备问题,人员的培训问题,过度消减成本,不安全的设备,对相关单位的管理不足
		组织氛围	指影响操作者工作效果的组织结构、激励机制、文化氛围
			行政管理系统,组织结构,信息沟通,责任制,激励、奖惩机制,安全文化氛围
		组织过程	指管理组织活动的规章制度、管理过程方面的问题
			制定的规章制度不完善,不合理,制度执行问题,其他管理缺陷

2. 事故发生的主要因素

收集了 2004 年—2016 年期间的冶金企业事故案例,选取其中 397 起基本满足人为因素分析和分类系统(HFACS)分析要求的事故案例,分析每起事故的各层次原因中与 HFACS 模型中对应的末级因素。对每个末级因素在 397 起事故中出现的次数进行统计,再用次数除以事故总数,得到各因素在 397 起事故中出现的频率,这样直观得出引发事故发生的主要因素。统计结果见表 2-5。

表 2-5   各因素出现的频率

层级	次/末级因素		频数[①]	频率
L1 不安全行为	技能失误	漏掉了操作步骤	51	0.1285
		注意力分配不当、走神	81	0.2040
		设备使用不当	8	0.0202
	决策失误	知识欠缺、能力不足	153	0.3854
		应对不恰当	276	0.6952
	习惯性违规	对规章规程执行不到位	209	0.5264
	偶然性违规	没有资格或得不到许可的作业	22	0.0554
		没有执行安全技术措施	61	0.1537
L2 不安全行为的前提条件	精神状态差	警惕性差	317	0.7985
		自负	102	0.2569
	能力局限	能力、经验不足	183	0.4610

续表

层级		次/末级因素	频数①	频率
L2 不安全行为的前提条件	班组资源管理	信息传递不畅	68	0.1713
		缺少合作	69	0.1738
		作业前安全交底不足	95	0.2393
	个人准备状态	训练不足	137	0.3451
		对危险认识不足	182	0.4584
	物理环境	照明不足	8	0.0202
		场地狭窄	16	0.0403
	技术环境	设备设计问题	62	0.1562
		防护设施不足	88	0.2217
L3 不安全的监督	监督不充分	对隐患排查不足	158	0.3980
		设备维护不足	35	0.0882
		对危险源辨识不足	181	0.4559
		指导、监督不足	342	0.8615
		提供的培训不足	373	0.9395
		提供的技术、程序缺陷	139	0.3501
	运行计划不恰当	任务安排不合理	14	0.0353
		人员搭配不当	6	0.0151
	对问题未纠正	对危险行为未制止	18	0.0453
		对事故隐患未采取措施	9	0.0227
	监督违规	监督者违章指挥	20	0.0504
	资源管理	人员的选拔、配备问题	21	0.0529
		人员的培训问题	349	0.8791
		不安全的设备	59	0.1486
		对相关单位的管理不足	30	0.0756
L4 组织影响	组织氛围	组织结构	81	0.2040
		信息沟通	29	0.0730
		责任制	93	0.2343
		安全文化氛围	166	0.4181
	制定的规章制度不完善	规程不完善	131	0.3300
		其他制度不完善	27	0.0680

续表

层级		次/末级因素	频数①	频率
L4 组织影响	制度执行问题	教育培训制度的执行问题	377	0.9496
		监督制度的执行问题	285	0.7179
		检修施工作业管理制度的执行问题	107	0.2695
		规程的执行问题	179	0.4509
		隐患排查制度	135	0.3401
		危险源辨识管理制度	120	0.3023
		相关方管理制度	24	0.0605
		其他制度执行问题	15	0.0378

① 该数据为 100 次事故中对应因素出现的次数。

397 起事故的影响因素中出现的频率最高的依次为：制度执行问题/教育培训制度的执行问题（0.9496），监督不充分/提供的培训不足（0.9395），资源管理/人员的培训问题（0.8791），监督不充分/指导、监督不足（0.8615），精神状态差/警惕性差（0.7985），制度执行问题/监督制度的执行问题（0.7179），决策失误/应对不恰当（0.6952），习惯性违规/对规章规程执行不到位（0.5264）。从统计中，可见影响事故的因素中，人员教育培训、安全意识的培养、安全监督是重点。

通过统计，2010 年—2016 年全国主要冶金企业伤亡事故起数、伤亡人数、平均千人伤亡率均呈下降趋势，冶金企业事故主要发生工序为炼铁厂、炼钢厂、轧钢厂、其他辅助生产部门，占总伤亡起数的 77.19%，类别主要为机械伤害、高处坠落、物体打击、起重伤害、灼烫、其他伤害，占总伤亡起数的 73.56%。

三、典型事故案例分析

从历年冶金企业事故统计分析结果看，发生生产事故的主要工序为炼铁、炼钢等，下面分别就金属冶炼过程中容易发生事故或发生事故后后果比较严重的高炉炼铁、转炉炼钢炉内进水爆炸、钢水喷溅、高温金属液体吊运坠包、煤气中毒等典型事故案例进行分析[13]。

1. 典型事故案例

（1）高炉炼铁恶性事故

典型事故案例见表 2-6。

表 2-6　高炉炼铁典型事故

序号	单位	事故时间	事故类型	伤亡人数
1	酒泉钢铁	1990 年 3 月 12 日	高炉爆炸	亡 19 人，伤 10 人
2	唐山国丰钢铁	2006 年 3 月 30 日	高炉爆炸	亡 6 人，伤 6 人
3	南京钢铁	2011 年 10 月 5 日	炉墙烧穿	亡 12 人，伤 1 人
4	临汾市翼城县召欣冶金	2005 年 2 月 9 日	底炉烧穿	亡 10 人，伤 6 人
5	贵州水城钢铁	2008 年 12 月 4 日	炉衬塌落	亡 6 人，伤 9 人
6	萍乡钢铁	2011 年 11 月 16 日	炉缸烧穿	疏散 123 人
7	韶钢	2018 年 2 月 5 日	煤气中毒	亡 8 人，伤 10 人
8	方大特钢	2019 年 5 月 29 日	煤气上升管爆裂	亡 6 人、伤 4 人

① 酒泉钢铁高炉爆炸事故。1990 年 3 月 12 日由于高炉内部爆炸，炉皮脆性断裂，推倒炉身支柱，导致炉体坍塌及煤气泄漏，造成 19 名工人死亡，10 人受伤，经济损失达 2120 万元。

② 唐山国丰钢铁高炉爆炸事故。2006 年 3 月 30 日由于高炉悬料 3h，炉内形成较大空间，且炉顶温度逐步升高超过规定，断续打水 40min，当料柱塌下时，炉顶瞬间产生负压，空气和混有未汽化水的冷料进入炉内，遇高温煤气后发生爆炸，造成 6 人死亡、6 人受伤的事故，直接经济损失 150 万元。

③ 南京钢铁高炉铁水外溢事故。2011 年 10 月 5 日，南钢股份炼铁厂 5# 高炉停炉准备时，在预休风阶段就将炉皮开口处的冷却壁取下，使炭砖失去冷却壁保护支撑，且将水喷到发红炭砖，使炭砖收缩产生裂缝，在复风降料线时，由于热风压力加大，原来承压能力已处于临界状态的炭砖无法继续承受高炉内部铁水产生的静压以及复风的热风压力而瞬时塌落，使得炉内高温铁水大量涌出。现场作业人员没有及时撤离，导致 12 人死亡、1 人受伤。

④ 临汾市翼城县召欣冶金高炉炉底烧穿。2005 年 2 月 9 日，山西省临汾市翼城县召欣冶金有限责任公司发生一起因高炉炉底烧穿发生喷爆，导致 10 人死亡、6 人受伤的特大事故。

⑤ 贵州水城钢铁高炉大修中发生炉衬脱落事故。2008 年 12 月 4 日，贵州水城钢铁集团公司 2 号高炉在大修中发生炉渣脱落，造成 6 名工人死亡，9 人受伤。

⑥ 萍乡钢铁炉缸烧穿事故。2011 年 11 月 16 日，江西萍乡钢铁厂一炼铁高炉由于中间层的冷却壁被烧坏，导致里层耐火砖失效，外层炉壳薄弱环节被

超过1300℃的铁水烧穿。泄漏铁水遇水发生爆炸，造成周围可燃物质瞬间燃烧，引发火灾，导致铁水泄漏引发爆炸，123人被疏散。

⑦ 韶钢"2·5"煤气中毒较大事故。2018年2月5日凌晨2时56分许，广东韶钢松山股份有限公司7号高炉发生煤气泄漏事故，事故造成8人死亡、10人受伤。直接经济损失1175.532万元。

⑧ 方大特钢"5·29"较大事故。2019年5月29日，江西省南昌市青山湖区方大特钢公司炼铁厂二号高炉在处理异常炉况过程中，炉内压力瞬间陡升，造成煤气上升管波纹补偿器爆裂，炉内大量高温焦炭从爆裂处喷出，掉落在出铁场平台，导致平台及安全通道作业人员6人死亡、4人受伤。

（2）转炉炼钢炉内进水爆炸事故

典型事故案例见表2-7。

表 2-7　转炉炼钢炉内进水爆炸典型事故

序号	单位	事故时间	伤亡人数
1	重庆钢铁	1986年11月7日	亡6人、伤9人
2	湘潭钢铁	2011年9月1日	亡3人、伤2人
3	莱钢	1999年3月10日	亡3人
4	新余钢铁	2013年4月1日	亡4人、伤28人

① 重庆钢铁公司六厂2号转炉爆炸事故。1986年11月7日，重庆钢铁公司六厂作业人员用水管向2号转炉炉内打水进行强迫冷却，以缩短换炉时间。水进入炉内后，水被大量蒸发，液渣表面迅速冷凝成固体状，由于冷却时间短，液渣表面以下部分仍处于液体状态，在进行摇炉倒水操作时，由于炉体大幅度倾斜，在自身重力作用下，炉内残渣发生颠覆，下部液渣翻出并覆在水上，以致液渣下部大量蒸汽无法排出，发生爆炸，导致死亡6人，重伤3人，轻伤6人。

② 湖南华菱湘潭钢铁转炉漏水爆炸事故。2011年9月1日，湘潭钢铁集团公司宽厚板厂5号转炉在清炉过程中发生转炉漏水事故，转炉产生大量蒸汽发生爆炸，导致3人死亡，2人受伤。

③ 莱钢转炉爆炸事故。1999年3月10日，因氧枪漏水以及误操作，引起转炉爆炸，造成了3人死亡的事故。

④ 江西新钢集团100t转炉爆炸事故。2013年4月1日上午11时20分左

右，新余钢铁第一炼钢厂 2 号转炉在吹炼过程中发现氧枪结瘤卡枪，检修前摇炉工未将转炉摇转到位，钳工切割时氧枪冷却管内残留的冷却水流入转炉炉底，将炉渣表层冷却形成积水，摇炉工未发现转炉内已经进水，直接转动转炉，导致水与底部热渣混合，瞬间汽化，体积急剧膨胀，无法释放，发生爆炸，造成 4 人死亡、28 人受伤。

（3）钢水喷溅事故

典型事故案例见表 2-8。

表 2-8　钢水喷溅典型事故

序号	单位	事故时间	事故类型	伤亡人数
1	龙门钢铁	2007 年 4 月 24 日	转炉出钢钢水喷溅	亡 1 人、伤 7 人
2	新金山特钢	2007 年 4 月 1 日	钢水出氩站钢水喷溅	亡 2 人、伤 5 人
3	某钢铁厂	2002 年 10 月 6 日	连铸开浇钢水喷溅	亡 1 人、伤 5 人
4	汉冶特钢	2018 年 5 月 17 日	连铸开浇钢水喷溅	亡 4 人、伤 11 人
5	昊源机械铸造公司	2017 年 9 月 29 日	中频炉钢水喷爆	亡 3 人、伤 4 人
6	三德特钢	2016 年 4 月 1 日	混铁炉铁水喷溅	亡 3 人、伤 3 人
7	鼎盛冶化公司	2014 年 10 月 13 日	电炉进水喷爆	亡 4 人、伤 8 人
8	巨隆特钢	2013 年 4 月 17 日	电炉含水喷爆	亡 3 人、伤 1 人
9	鞍钢重型机械公司	2012 年 2 月 20 日	钢水爆炸	亡 13 人、伤 17 人
10	仙福钢铁	2013 年 7 月 22 日	干渣池炉渣遇水爆炸	亡 3 人、伤 2 人
11	华冶铸钢公司	2009 年 1 月 17 日	电炉喷爆	亡 4 人、伤 1 人
12	永强轧辊公司	2006 年 11 月 8 日	离心铸造机钢水外洒	亡 8 人、伤 21 人

①陕西龙门钢铁钢水喷溅事故。2007 年 4 月 24 日，距离交接班不到 1h，炼钢厂 4 号转炉的工人正在出钢作业，炉内约 1500℃高温的钢水突然从炉口喷溅出来，导致人员伤亡。

②山西襄汾新金山特钢钢水外溅事故。2007 年 4 月 1 日，工人们正在厂里制模，不料附近的钢包中的钢水突然大量溅出，作业人员被高温钢水击倒，导致 2 人死亡、5 人重伤。

③某钢铁厂"10·6"群体烧伤事故。2002 年 10 月 6 日，某钢铁厂甲 3 号炉出钢，钢水上回转台开浇后，钢包内忽然喷溅钢水，火红的钢水喷涌而出，溅在连铸平台，造成死亡 1 人，5 人受伤。

④汉冶特钢"5·17"钢水喷爆事故。2018 年 5 月 17 日，河南南阳汉冶

特钢公司炼轧厂炼铸车间装有 100t 钢水的钢包在铸浇钢车上浇铸过程中，由于滑板安装和滑板操作等多方面原因，下水口漏钢，在处置模铸钢包滑板机构钢流失控过程中，部分钢水落到铸锭模的水冷软管上，致使水冷软管石棉保护层破损，水冷软管烧穿，冷却水喷溅到铸锭模内，与钢水混合接触，迅速汽化发生喷爆。造成包括现场抢修的 4 人死亡，11 人受伤。

⑤ 烟台市昊源机械铸造公司钢水喷爆事故。2017 年 9 月 29 日，烟台市昊源机械铸造公司 5 吨中频炉冷炉时加入钢水，长时间保温且一直没有加热，也没有及时清脏透气，造成结盖。结盖与炉内钢水液面之间形成空腔，操作人员没有采取正确的处理方法（倾斜炉体捣料，直至封面化开、露出钢水，严重时应停电用氧气枪割开）将结盖消除，而是违规直接将 5t 中频炉快速升温熔炼，熔炼产生的气体由于结盖阻挡无法排放，导致炉内的压力急剧增大，压力增大导致结盖松动，造成结盖周边与炉衬产生间隙。炉内沸腾的高压钢水、气体从间隙喷溅，喷溅后的炉内钢水回落，空腔内压力迅速下降进入空气，与空腔内可燃气体混合后发生爆炸，冲击波推动炉内沸腾的高压钢水喷爆，造成 3 人死亡，4 人受伤。

⑥ 临沂三德特钢铁水喷溅事故。2016 年 4 月 1 日，临沂三德特钢公司二炼钢混铁炉生产区，混铁炉在出铁过程中由于控制器损坏、炉体持续前倾、发生铁水外溢，外溢铁水接触受铁坑内潮湿地面发生爆炸，造成 3 人死亡，3 人受伤。

⑦ 鼎盛冶化公司电炉进水喷爆事故。2014 年 10 月 13 日，怒江州泸水县怒江鼎盛冶化公司冶炼电炉水冷烟道冷却水泄漏，进入冶炼电炉，有关人员违章指挥进行盖火作业，加入炉内的盖火料不断烧结、固化，导致前期泄漏进入冶炼电炉的冷却水遇高温熔体产生的大量蒸汽无法释放，发生爆炸，高温熔渣和物料等喷出，造成 4 人死亡，8 人重伤。

⑧ 巨隆特钢电炉喷爆事故。2013 年 4 月 17 日，连云港市连云港巨隆特钢公司电弧炉车间新电炉，使用前未进行烤炉，导致炉内和炉底耐火砖在砌筑过程中残余的水分经高温蒸发后渗入钢水内部，蒸汽积聚，压力持续增大，产生喷爆，造成 3 人死亡，1 人受伤。

⑨ 鞍钢重型机械公司钢水爆炸事故。2012 年 2 月 20 日，鞍钢重型机械公司铸钢厂在浇铸水轮机转轮下环时，由于地坑渗水、没有及时发现，导致砂床底部积水，在钢水浇注过程中，积水遇钢水迅速汽化，蒸汽急剧膨胀，压力骤

增，发生爆炸，造成 13 人死亡，17 人受伤。

⑩ 仙福钢铁干渣池炉渣遇水爆炸事故。2013 年 7 月 22 日，云南省玉溪仙福钢铁公司 2 号高炉出铁后，主渣沟落渣口段堵塞，再次出铁时启用备用干渣池，由于干渣池无排水设施，当班人员违规向干渣池注水至约 1 米深。在池底有积水的情况下，熔渣流入干渣池后，产生大量高温蒸汽后发生爆炸，干渣池突然发生爆炸，现场造成清理人员因灼烫 3 人死亡，2 人受伤。

⑪ 华冶铸钢公司电炉喷爆事故。2009 年 1 月 17 日，胶州市青岛华冶铸钢公司 1# 电炉在熔炼钢水时，电炉内钢水熔化初期加入的铸件冒口料因尺寸较大，熔化速度缓慢，顶部搭桥结壳捣不开，本应采取倾斜炉体用铁棍捣的办法解决。操作人员却违章作业，错误地向炉内倒入钢水，不但未化开结壳，反而致使结壳更厚，将铸件冒口料上面的孔洞内气体、夹杂封闭住，使炉膛下部形成密闭容器。封闭在铸件冒口料下面的气体和夹杂燃烧产生的气体不能排出，造成高温加热过程中气体压力急剧增大，发生钢水喷炉，造成 4 人死亡，1 人重伤。

⑫ 永强轧辊公司。2006 年 11 月 8 日，江苏省无锡永强轧辊公司技术改造项目新购置的一台 J5518 型立式离心铸造机，进行第一炉试生产时，为离心铸造机上配套的工装模具顶盖连接螺栓强度明显不足，小于离心浇注时产生的向上推力；当钢水注入工装模具后，离心浇注所产生的向上推力引起连接螺栓失效，8 个螺栓中的 7 个被拉断，1 个脱扣，导致工装模具顶盖脱落，发生钢水外洒，造成 8 人死亡、21 人不同程度烫伤。

（4）高温金属液体吊运坠包事故

典型事故案例见表 2-9。

表 2-9 高温金属液体吊运坠包典型事故

序号	单位	事故时间	伤亡人数
1	辽宁省铁岭市清河特殊钢有限责任公司	2007 年 4 月 18 日	亡 32 人、伤 16 人
2	山东富伦钢铁有限公司	2010 年 12 月 8 日	亡 3 人、伤 5 人
3	宝钢炼钢厂	2012 年 12 月 17 日	亡 3 人、伤 12 人

① 辽宁清河特殊钢钢包坠落事故。2007 年 4 月 18 日，辽宁省铁岭市清河特殊钢公司，炼钢车间一个重达 60t 的钢水包吊运下行过程中时，由于电气控制系统故障、驱动电动机失电，再加上电气系统设计缺陷、制动器未能自动抱

闸，导致钢水包失控下坠。当司机发现异常时，将操纵手柄打回零位，制动器开始抱闸，但由于制动力矩严重不足，钢水包下降惯性较大，导致钢水包继续失控下坠，在距地面约 2.0m 处，包底猛烈撞击浇注台车的框架梁。钢水包往西偏北方向倾覆，包内近 30t 约 1590℃钢水涌出，冲向约 6.0m 外的真空炉平台下方工具间（该工具间错被选为班前会议室），造成正在内开班前会的 31 名人员当场死亡，当班作业人员中 1 人当场死亡，6 人重伤。

② 山东富仑钢铁铁水罐倾翻事故。2010 年 12 月 8 日，山东省莱芜市莱城区口镇的山东富伦钢铁有限公司炼钢厂发生 240t 行车铁水罐倾翻事故，当时行车吊车提起铁水罐后，钢丝绳突然滑落，造成铁水罐倾翻，造成 3 人死亡，5 人受伤。

③ 宝钢炼钢厂铁水包倾翻事故。2012 年 12 月 17 日，宝钢股份公司炼钢厂一炼钢分厂行车在吊运 270t 铁水包时，发生双板钩单侧脱落，致使铁水包侧翻，事故导致 3 人身亡，12 人受伤。

（5）煤气中毒事故

典型事故案例见表 2-10。

表 2-10　煤气中毒典型事故

序号	单位	事故时间	事故类型	伤亡人数
1	河北武安普阳钢铁	2010 年 1 月 4 日	炼钢转炉一次除尘	亡 21 人，伤 9 人
2	唐山港陆钢铁	2008 年 12 月 24 日	炼铁高炉重力除尘器	亡 17 人，伤 27 人
3	河北内丘顺达钢铁	2010 年 1 月 18 日	炼铁高炉炉内	亡 6 人
4	山西襄汾强盛铁合金	2009 年 9 月 18 日	炼铁高炉煤气管网	亡 4 人，伤 1 人
5	济南钢铁	2005 年 5 月 20 日	动力厂煤气柜	亡 3 人，伤 19 人
6	武钢集团鄂城钢铁	2008 年 11 月 18 日	动力厂发电	亡 3 人，伤 11 人
7	山西临汾志强钢铁	2009 年 8 月 24 日	烧结阀盖密闭箱体内	亡 3 人，伤 1 人
8	江阴华西钢铁	2011 年 12 月 25 日	轧钢高速线材厂	亡 8 人，伤 38 人

① 普阳钢铁公司煤气中毒事故。2010 年 1 月 4 日，河北省武安市普阳钢铁公司南平炼钢分厂的 2 号转炉与 1 号转炉的煤气管道完成了连接后，未采取可靠的煤气切断措施，使转炉气柜煤气泄漏到 2 号转炉系统中，造成正在 2 号转炉进行砌炉作业的人员中毒。事故造成 21 人死亡，9 人受伤。

② 唐山港陆钢铁 2 号高炉重力除尘器爆炸引起煤气中毒事故。2008 年 12

月 24 日，唐山港陆钢铁有限公司 2 号高炉重力除尘器顶部泄爆板爆裂造成煤气泄漏，造成 17 人死亡，27 人受伤。

③ 河北内丘顺达钢铁煤气中毒事故。2010 年 1 月 18 日，河北新鼎建设有限公司的 6 名检修施工人员进入内丘顺达冶炼公司 2 号高炉炉缸内搭设脚手架，拆除冷却壁时，造成 6 名施工人员煤气中毒死亡。

④ 山西襄汾县强盛铁合金厂煤气中毒。2009 年 9 月 18 日，强盛铁合金厂临时停产检修，要检修东烧结阀盖密封箱体盖板等。10 时许高炉休风，16 时 25 分后高炉复风。此时，烧结平台下阀盖密封箱体内进行焊接作业的 3 人中毒，1 人焊好盖板爬出人孔时中毒，平台上配合检修者立即去关煤气阀门，将阀门关闭后自己即晕倒在阀门平台区。造成 4 人死亡，1 人轻微中毒。

⑤ 济南钢铁厂煤气中毒事故。2005 年 5 月 20 日凌晨 4 时 20 分左右，济南钢铁厂燃气发电厂煤气柜发生煤气泄漏事故，造成 3 人死亡，19 人受伤。

⑥ 武钢集团鄂城钢铁厂煤气中毒事故。2008 年 11 月 18 日，鄂城钢铁厂能源动力厂热力车间在停炉检修过程中，发生煤气中毒。事故造成 21 人死亡、9 人受伤。

⑦ 山西临汾志强钢铁厂煤气中毒事故。2009 年 8 月 24 日，山西临汾志强钢铁厂 1♯高炉烘炉由 2♯高炉供煤气转为 3♯高炉供煤气，2♯高炉休风以后，3♯高炉煤气管道需打开向 1♯高炉供煤气。在关闭 3♯高炉煤气管道的煤气蝶阀后，打开其后的眼睛阀的作业过程中，造成 3 人死亡，重度中毒 1 人。

⑧ 江阴华西高速线材厂煤气中毒事故。2011 年 12 月 25 日，江阴华西高速线材厂检修复产中发生一起煤气泄漏事故，造成 8 人死亡，38 人受伤。

（6）惰性气体窒息事故

典型事故案例见表 2-11。

表 2-11　惰性气体窒息典型事故

序号	单位	事故时间	事故区域	致因气体	伤亡人数
1	首钢	2009 年 3 月 21 日	炼钢连铸除氧水池	氮气	亡 5 人
2	鞍钢	2011 年 5 月 4 日	炼铁布袋除尘	氮气	亡 3 人
3	包钢	2011 年 8 月 14 日	炼钢精炼炉	氩气	亡 4 人
4	大连特钢	2010 年 1 月 4 日	炼钢电炉	氩气	亡 8 人

① 首钢京唐"3·21"中毒窒息事故。2009 年 3 月 21 日，中国第四冶金

建设公司曹妃甸工程项目部闻某带领 2 名民工到京唐钢铁公司连铸车间水泵房除盐水池进行池壁渗漏修复作业，稳压罐内氮气随回水管道反串到除盐水池内，造成池内氮气含量超标、严重缺氧，导致作业人员下池后窒息，造成 5 人死亡。

② 鞍钢"5·4"氮气窒息事故。2011 年 5 月 4 日，辽宁省鞍山市鞍钢附企公司中板带钢厂，3 名除尘工人在鞍钢生产协力中心炼铁工区更换电除尘布袋时发生氮气窒息事故，造成 3 人死亡。

③ 包钢精炼炉氩气窒息事故。2011 年 8 月 13 日，包钢炼钢厂制钢二部甲班北精炼副班长乔某打开氩气阀调试氩气管线，发现氩气快接接头泄漏，于是将其拆下，准备更换。但由于人多嘈杂，直到 20 时交接班时，仍然未关闭氩气阀门。乙班在接班后，未按规定进行点检，阀门处于开通状态而无人知晓，氩气不断向 VD 炉罐内吹填。乙班职工刘某、陶某进入 VD 炉罐内进行清渣作业，由于罐内严重缺氧而窒息晕倒，工长丁某和王某下罐救援，也因缺氧而窒息晕倒。4 人最后都不治身亡。

④ 大连特钢"1·4"氩气窒息事故。2010 年 1 月 4 日，东北特钢集团大连特殊钢有限公司第一炼钢厂电渣车间组织人员在电渣炉地坑内维修电机时，使用氩气对潮湿电机进行吹风干燥，造成氩气大量沉积在狭小半密闭地坑底部，8 名工人先后晕倒，经医院全力抢救无效，全部死亡。

2. 典型事故案例分析

从上述事故案例中可以看出，金属冶炼企业主要发生的事故类型有机械伤害、高处坠落、物体打击、起重伤害、灼烫、其他伤害等；发生的较大以上事故的类型主要为高温熔融金属事故、煤气中毒窒息事故等；事故工艺环节包括高炉、转炉、精炼炉、电炉、煤气系统、连铸或铸造系统等；事故发生的作业类型包括正常操作和非正常生产作业（如检（维）修、危险作业等）。

（1）高温熔融金属事故[14]

高温熔融金属事故的主要原因有以下几种。

① 高温熔融物遇水爆炸，如：高炉干渣坑积水、排渣时高温熔渣遇水爆炸；混铁炉出铁时因倾炉机构故障发生铁水外溢、接触潮湿地面发生爆炸；转炉氧枪冷却水内漏，遇高温渣爆炸；电炉使用前未烘炉、使用时残余水分经高温蒸发在钢水内积聚造成爆炸；铸造钢水遇铸模内的渗水、积水或附近的积

水、泄漏的冷却水发生汽化爆炸。

② 高温熔融物吊运过程中坠落，如：铁水包吊装时双板钩单侧脱落、致铁水包侧翻；钢水包吊运时起重机控制系统故障、钢水包失控坠落；钢水包起吊前确认不足、挂钩未挂好，吊运过程中脱钩坠落。

③ 高温熔融物从熔炼炉或铸造机泄漏。如：高炉停炉作业时，操作不当，使炭砖失去冷却壁保护支撑、发生塌落，致炉内铁水大量涌出；铸造机模具缺陷、顶盖脱落，发生钢水外洒。

④ 高温熔融物熔炼炉被封闭、内压增大致爆炸。如：电炉冷却水内漏，违章盖炉、致炉内产生蒸汽无法排出爆炸；电炉或中频炉结盖、处理不当致炉封闭、炉内气体压力剧增发生爆炸。

为防范高温熔融物事故，提出以下措施。

① 控制高温熔融物区域人员的数量和位置，冶金企业主要包括高炉风口平台、出铁场、炉下，渣沟及渣处理、干渣坑，铁水运输线、混铁炉、铁水预处理、转炉平台及炉下区、电炉、精炼炉区、铁水及钢水转运区、吊装区、连铸区、模铸区等。除有限的作业人员外，无关人员禁止在这些区域停留；对于检修、参观等可能积聚人员较多时段的活动，应安排在相对安全的区域和时段，特别要避开开炉、停炉以及炉况较复杂的时段，遇紧急情况及时撤离可能受影响区域的人员。

② 加强对水的控制，高温熔融物区域应保持干燥、严禁积水；避免敷设水管、能源介质管路；避免高炉、转炉、连铸等熔融金属设施自身的冷却水系统泄漏，应对水温、水压加强监控，检修时避免残余水内漏；新投入使用的炉体、铸模等应有效烘干、避免渗水，入炉炉料及使用的工具应干燥。

③ 保证熔融物的设备设施的本质安全化。如高炉的工程质量应符合国家规范，高炉炉底、炉缸及本体温度监测系统应完善、灵敏、可靠；冷却系统的水流量和进水温度应达到控制要求；铁水罐、钢水罐、中间包（罐）、渣罐罐体和耳轴应定期检测；吊运铁水、钢水或液渣应使用铸造起重机，起重设备及附件、工具应定期检测、日常检查；应定期检查转炉炉衬壁厚；检查连铸浇注区的事故钢水罐、溢流槽等。

④ 加强操作、运行、维护、检修、开停炉过程的控制。如控制高炉冶炼强度不超设计要求；减少碱金属和锌、铅入炉；防止对炉缸造成异常侵蚀；加强铁口的维护，维持合理的深度和角度；加强对炉缸、送风装置、炉皮、水冷

壁等部位的温度检测；严格控制好高炉各种参数；开炉、停炉、炉役后期的护炉期间，制定完善的作业方案和安全技术措施；应加强熔融金属吊装作业的检查确认；规范转炉兑铁水、加废钢操作；应加强转炉开炉前的检查确认；控制精炼氩气底吹搅拌装置，调节搅拌强度等。

⑤ 对各种紧急情况应有完善的监测措施和应急措施。如对高炉炉底炉缸烧穿、炉缸冻结、大灌渣、风口烧穿、出铁事故、炉体开裂、炉顶故障以及停水、停电、断风等的应对措施；对高炉各种异常炉况进行控制，包括低料线、偏料线、崩料、悬料、管道行程、炉缸堆积、炉墙结厚等的征兆的监控、预判和处理；对转炉氧枪漏水，水冷炉口、烟罩和加料溜槽口等水冷件漏水，炉口结盖，停电等时的应急措施。对紧急情况出现的征兆应总结完全以利于预判及时应对；定期组织相关人员对预判知识和应急预案进行训练，使其掌握。

监控措施方面，考虑规范要求和现有的条件，主要采取以下方面监控：

① 高温熔融物区域的视频监视，主要监视高温熔融物区域人员的数量、滴水积水情况、杂物可燃物的堆放情况等。冶金企业高温熔融物区域主要包括高炉风口平台、出铁场、炉下，渣沟及渣处理、干渣坑，铁水运输线、混铁炉、铁水预处理、转炉平台及炉下区、电炉、精炼炉区、铁水及钢水转运区、吊装区、连铸区、模铸区等。

② 高温熔融金属相关设备的工艺参数检测报警。包括：高炉炉底测温、炉底水冷管水压、进出口水温差检测，风口冷却系统的水压、水量、进出口水温差检测，炉体冷却系统的水流量、水压、进出口水温差检测，炉缸、炉底冷却水温差及热流强度监测，对炉底、炉缸侵蚀情况监测；炉缸侧壁特别是铁口下部区域炭砖温度监测；转炉、电炉、精炼装置冷却水系统的水压、水量检测。

（2）煤气中毒窒息事故[15]

煤气中毒窒息事故的主要原因有以下几种。

① 安全投入不足，安全设备设施有缺陷。煤气设备设施老化陈旧，事故隐患大量存在。而小型冶金企业为节约成本，很多煤气设备设施也不符合规范要求，加之目前冶金行业不景气，冶金企业减少了安全投入。在煤气安全设备设施方面，由于设计缺陷、未按要求设置、使用磨损、操作失误、安全检查维护不到位等原因，已导致多起煤气中毒事故。例如，未采取可靠的煤气隔断措施以及未按规定对漏水的 U 形水封进行检查，是造成河北普阳钢铁有限公司

"1·04"煤气中毒重大事故的直接原因。如河北港陆钢铁公司"12·24"高炉重力除尘器重大煤气泄漏事故即存在高炉重力除尘器违规设置泄爆板，与高炉炉台距离较近等问题。

② 安全管理制度不健全，现场管理混乱。很多企业特别是中小型企业，未对煤气作业制定专业、详细的安全管理制度。特别是对于煤气作业过程中的各部门之间以及用工方与相关方之间的交叉作业问题未给出明确的规定，导致作业时各方安全责任划分不明且缺乏必要沟通而造成事故。如山西襄汾县强盛铁合金厂"9·18"煤气中毒事故，存在制度落实不到位，检修过程中未严格执行安全操作规程等问题。

③ 安全培训不到位，安全技能不足。安全培训是提升作业人员安全技能、增强安全意识的重要手段。但是，目前安全管理人员及煤气作业人员未参加安全培训取证即上岗的情况仍普遍存在，以至于人员盲目指挥、盲目操作而导致事故的发生。绝大部分煤气中毒事故都存在违章作业，操作不规范的问题。

④ 相关方管理不规范。目前，企业大量使用外协工，将施工、检修及部分生产任务外包给外协单位，同时将安全管理的责任也一并交由外协单位负责，没有对外协施工作业实施有效的监管和协调。《冶金企业安全生产监督管理规定》第十七条明确规定"企业不得将工程项目发包给不具备相应资质的单位"，但在实际操作过程中，无资质承包单位进行施工而导致煤气中毒的事故时有发生，如河北普阳钢铁有限公司"1·04"煤气中毒重大事故的间接原因为选用无资质的外协单位对风机管道建设安装，造成 21 人死亡，9 人受伤的惨剧。部分企业与外协单位签订安全承诺书，存在"以包代管"的现象，拒绝履行安全管理职责。

⑤ 盲目施救使事故扩大。煤气无色无味，一旦泄漏不易发现[16]。一些企业现场管理不严，人员到煤气区域作业时没有配备煤气检测仪，不能及时发现煤气泄漏情况，发生中毒事故后，抢救人员没有佩戴呼吸器等救护装备盲目施救，导致救援人员也中毒而使事故扩大。如河北南宫市双龙金属制品有限公司"8·21"煤气中毒事故，4 名作业人员未佩戴报警仪和呼吸器，3 名施救人员未采取任何施救措施就盲目施救导致 6 死 1 伤。

为防范煤气中毒事故事故，提出以下措施：

① 企业应加大安全投入，按照国家有关煤气的设计规范和技术标准的要求进行技术改造，提高装置的本质安全化程度，完善安全防护措施，提高安全

保障能力，同时相应地对加大煤气安全投入的企业给以税收等政策优惠。

② 对煤气管网设备应定期进行检查维护，保证管网安全运行。此外，尤其要加强煤气检修作业安全管理，严格贯彻落实危险作业许可证制度，作业前制定完善的预防事故措施。作业人员应配备检验合格的防护用具，未佩戴防护用具不得进行作业。

③ 监督管理部门应对企业安全教育工作进行监督，保证从业人员具备必要的安全生产知识，掌握企业煤气安全生产管理制度和操作规程，掌握本岗位的安全操作技能和应急防范措施。未经安全生产教育和培训并合格的从业人员，不得上岗作业。此外，要特别注意加强对外协人员的培训。

④ 对承包煤气施工检修项目的外协单位，必须具备相应的资质，还应当有相应的工程技术人员，具备煤气施工检修作业经验，配备煤气检测报警和呼吸救援装备等；发包单位要与外协单位签订安全管理协议，明确双方安全生产的责任；发包单位要严格审查外协单位编制的作业方案及安全措施；要对现场进行技术和安全交底，并做好生产协调、现场监管工作，督促、监督外协单位落实安全措施。

⑤ 冶金企业危险、有害因素多，属于高危行业，因此企业应建立健全煤气事故应急预案，完善现场应急处置方案，配备空气呼吸器等应急救援器材，并定期组织煤气事故专项演练，提高应对煤气事故的处置能力。

参考文献

[1] 吴宗之. 国内外安全（风险）评价方法研究与进展[J]. 兵工安全技术，1999，2：37-40.

[2] 国家安全生产监督管理总局. 安全评价[M]北京：煤炭工业出版社，2010.

[3] 张铮，吴宗之，刘茂. 重大危险源风险评价方法的改进研究[J]. 青岛大学学报（工程技术版），2005，3（6）：32-38.

[4] 周琪，叶义成，吕涛. 系统安全态势的马尔科夫预测模型建立及应用[J]. 中国安全生产科学技术，2012，8（4）：98-102.

[5] 刘凌燕，徐纪武. 火灾爆炸危险指数法的应用[J]. 工业安全与环保，2003，10：38-40.

[6] 王先华. 安全控制论在安全生产风险管理应用研究[A]. 中国金属学会冶金安全与健康分会. 2018年中国金属学会冶金安全与健康年会论文集[C]. 中国金属学会冶金安全与健康分会：中国金属学会，2018：10.

[7] 赵云胜，李汉杰. 安全科学的灰色系统方法[J]. 劳动保护科学技术，1996，4：45-50.

［8］王先华，吕先昌，秦吉．安全控制论的理论基础和应用［J］．工业安全与防尘，1996，1：1-6＋49.

［9］中共中央国务院关于推进安全生产领域改革发展的意见［Z］．2016-12-09.

［10］关于实施遏制重特大事故工作指南构建双重预防机制的意见［Z］．安委办 11 号．2016.

［11］王大勇．钢铁企业安全事故典型案例分析与防范［M］北京：冶金工业出版社，2017.

［12］刘见．HFACS 模型在冶金企业煤气事故人为因素分析中的应用［J］．工业安全与环保，2021，47
　　　（7）：71-73＋78.

［13］卢春雪．冶金行业现代安全管理模式［J］．工业安全与环保，2005，（11）：78-80.

［14］杨富．冶金安全生产技术［M］．北京：煤炭工业出版社，2010.

［15］赵振军．冶金企业的煤气安全管理路径分析与研究［J］．冶金与材料，2020，40（1）：21-22.

［16］向幸，刘见，徐厚友．基于高斯烟羽模型的某钢铁公司较大煤气中毒事故原因分析［J］．工业安全
　　　与环保，2021.47（5）：46-51.

第三章　　“五高”风险辨识与
评估技术研究

第一节 金属冶炼行业风险辨识与评估

一、风险辨识与评估方法

1. 风险辨识方法的选择

风险的辨识是对尚未发生的各种风险进行系统的归类和全面的识别。风险辨识的目的是使企业系统、科学地了解当前自身存在的风险因素。并对其加强控制。风险辨识结合现代风险评估技术（安全评价技术），可以为企业的安全管理提供科学的依据和管理决策，从而达到加强安全管理、控制事故发生的最终目的。目前，风险辨识技术广泛应用于各个生产领域，方法也较为成熟。

系统中存在多种风险因素，要想全面、准确地辨识，需要借助各种安全分析方法或工具。目前常用的风险辨识方法有：失效模式及影响分析（FMEA）、安全检查表法（SCL）、事故树分析法（FTA）、工作危险分析法（JHA）、作业环境分析（LEC）等。这些分析方法都是各行业从实践经验中不断总结出来的，各有其自身的特点和适用范同[1]。下面将对几种常用的风险辨识方法作简单介绍。

（1）失效模式及影响分析法（FMEA）

失效模式及影响分析由可靠性工程发展而来，它主要对于一个系统内部每个元件及每一种可能的失效模式或不正常运行模式进行详细的分析。并推断它对于整个系统的影响、可能产生的后果以及如何才能避免或减少损失。这种分析方法的特点是从元件的故障开始逐次分析其原因、影响及应采取的对策措施。FMEA 常用于分析一些复杂的设备、设施。

（2）安全检查表法（SCL）

安全检查表法是一种事先了解检查对象，并在剖析、分解的基础上确定的检查项目表，是一种最基础的方法。这种方法的优点是简单明了，现场操作人员和管理人员都容易理解与使用。编制表格的控制指标主要是有关标准、规范、法律条款。控制措施主要根据专家的经验制定。检查结果可以通过"是/否"或"符合/不符合"的形式表现出来。

（3）事故树分析法（FTA）

事故树分析是一种图形演绎的系统安全分析方法，是对故障事件在一定条件下的逻辑推理。它从分析的特定事故或故障开始，逐层分析其发生原因。一直分析到不能再分解为止，再将特定的事故和各层原因之间用逻辑门符号连接起来，得到形象、简洁的表达其逻辑关系的逻辑树图形。事故树主要用于分析事故的原因和评价事故风险。

（4）工作危险分析法（JHA）

JHA 是目前企业生产风险管理中普遍使用的一种作业风险分析与控制工具。一般确定待分析的作业活动后，将其划分为一系列的步骤，辨识每一步骤的潜在危害，确定相应的预防措施。JHA 能够帮助作业人员正确理解工作任务，有效识别其中的危害与风险以及明确作业过程中的正确方法及相应的安全措施，从而保障工作的安全性和可操作性。JHA 一般用于作业活动和工艺流程的危害分析。

（5）作业环境分析（LEC）

LEC 是一种风险评价方法。用于评价人们在某种具有潜在危险的环境中进行作业的危险程度。此种方法也可以用于前期的风险辨识，用与系统风险有关的三种因素指标值的乘积来评价操作人员伤亡风险大小。这三种因素分别是：L（Likelihood，事故发生的可能性）、E（Exposure，人员暴露于危险环境中的频繁程度）和 C（Consequence，一旦发生事故可能造成的后果）。给三种因素的不同等级分别确定不同的分值，再以三个分值的乘积 D（Danger，危险性）来评价作业条件危险性的大小。

风险辨识评估的一个重要前提是对风险内涵的深刻理解，有研究者将其概括为不确定损伤事态及其概率和后果的集合，还有学者认为风险既可以是会造成损失的不确定事件本身，也可以是不确定事件发生的概率，还可以是不确定事件造成的损失期望值。总体而言，研究者对风险内涵的理解基本相似：构成风险的必要因素包括风险事态、风险概率和风险损失。风险矩阵评估方法直接简洁地体现了对风险内涵的理解，这也是它获得广泛应用的原因之一。风险矩阵同样不存在完全固定的形式，具体形式和内容也与决策者的风险态度息息相关。风险矩阵评价法是较简易概括风险概率与后果严重性的风险评估方法,常用于复杂、不确定性因素较多的前期风险辨识[2]。

2. 风险评估方法

风险评估采用风险矩阵法对通用风险清单中的风险点进行初步评估。

风险矩阵法又称风险矩阵图,是一种能够把危险发生的可能性和伤害的严重程度综合评估的定性的风险评估分析方法。它是一种风险可视化的工具,主要用于风险评估领域。风险矩阵法指按照风险发生的可能性和风险发生后果的严重程度,将风险因素绘制在矩阵图中,展示风险及其重要性等级的风险管理工具方法。风险矩阵法为企业确定各项风险重要性等级提供了可视化的工具。辨识出每个作业单元可能存在的危害,并判定这种危害可能产生的后果及产生这种后果的可能性,将二者相乘,得出所确定危害的风险。然后进行风险分级,根据不同级别的风险,采取相应的风险控制措施。

风险值用式(3-1)计算:

$$R_v = LS \tag{3-1}$$

式中 R_v——风险值;

L——发生伤害的可能性;

S——发生伤害后果的严重程度。

从偏差发生频率、安全检查、操作规程、员工胜任程度、控制措施五个方面对危害事件发生的可能性(L)进行评估取值,取五项得分的最高分值作为其最终的 L 值,见表 3-1。

表 3-1 发生伤害的可能性判定表

等级	赋值	偏差发生频率	安全检查	操作规程	员工胜任程度	控制措施(监控、联锁、报警、应急措施)
极有可能	5	可能反复出现的事件	无检查(作业)标准或不按标准检查(作业)	无操作规程或从不执行操作规程	不胜任	无任何监控措施或有措施从未投用;无应急措施
有可能	4	可能屡次发生的事件	检查(作业)标准不全或很少按标准检查(作业)	操作规程不全或很少执行操作规程	平均工作1年或多数为中学以下文化水平	有监控措施但不能满足控制要求,措施部分投用或有时投用;有应急措施但不完善或没演练

续表

等级	赋值	偏差发生频率	安全检查	操作规程	员工胜任程度	控制措施(监控、联锁、报警、应急措施)
少见	3	可能偶然发生的事件	发生变更后检查(作业)标准未及时修订或多数时候不按标准检查(作业)	发生变更后未及时修订操作规程或多数操作不执行操作规程	平均工作年限1~3年或多数为高中(职高)文化水平	监控措施能满足控制要求,但经常被停用或发生变更后不能及时恢复;有应急措施但未根据变更及时修订或作业人员不清楚
不太可能	2	不太可能发生的事件	标准完善但偶尔不按标准检查、作业	操作规程齐全但偶尔不执行	平均工作年限4~5年或多数为大专文化水平	监控措施能满足控制要求,但供电、联锁偶尔失电或误动作;有应急措施但每年只演练1次
几乎不可能	1	几乎不可能发生的事件	标准完善、按标准进行检查、作业	操作规程齐全,严格执行并有记录	平均工作年限超过5年或大多为本科及以上文化水平	监控措施能满足控制要求,供电、联锁从未失电或误动作;有应急措施每年至少演练2次

从人员伤亡情况,财产损失,法律法规符合性,环境破坏和对企业声誉影响五个方面对后果的严重程度(S)进行评估取值,取五项得分的最高分值作为其最终的 S 值,见表3-2。

表3-2 发生伤害的后果严重性判定表

等级	赋值	人员伤亡情况	财产损失	法律法规符合性	环境破坏	企业声誉影响
可忽略的	1	一般无损伤	一次事故直接经济损失在5000元以下	完全符合	基本无影响	本岗位或作业点
轻度的	2	1~2人轻伤	一次事故直接经济损失5000元及以上,1万元以下	不符合公司规章制度要求	设备、设施周围受影响	没有造成公众影响
中度的	3	造成1~2人重伤,3~6人轻伤	一次事故直接经济损失在1万元以上,10万元以下	不符合操作程序要求	作业点范围内受影响	引起省级媒体报道,一定范围内造成公众影响
严重的	4	1~2人死亡,3~6人重伤或严重职业病	一次事故直接经济损失在10万元及以上,100万元以下	潜在不符合法律、法规要求	造成作业区域内环境破坏	引起国家主流媒体报道
灾难性的	5	3人及以上死亡,7人及以上重伤	一次事故直接经济损失在100万元及以上	违法	造成周边环境破坏	引起国际主流媒体报道

确定了 S 和 L 值后,根据式(3-1)计算风险度 R_v 的值,由风险矩阵表判定风险值,见表3-3。

表3-3 风险等级判定表

后果 S		5	4	3	2	1
可能性 L		灾难性的	严重的	中度的	轻度的	可忽略的
5	极有可能	25	20	15	10	5
4	有可能	20	16	12	8	4
3	少见	15	12	9	6	3
2	不大可能	10	8	6	4	2
1	几乎不可能	5	4	3	2	1

根据 R_v 值将风险级别分为以下四级:

(1) $R_v = 15 \sim 25$,A级,重大风险;

(2) $R_v = 8 \sim 12$,B级,较大风险;

(3) $R_v = 4 \sim 6$,C级,一般风险;

(4) $R_v = 1 \sim 3$,D级,低风险。

二、风险辨识与评估程序

涉及金属冶炼工艺的行业包括冶金、有色等行业,含铁冶炼、钢冶炼、铁水预处理、炉外精炼和连铸工艺;有色金属火法冶炼工艺;铁合金生产工艺;黑色、有色金属铸造的熔炼、精炼和铸造工艺;有色金属合金制造的熔炼、精炼和铸造工艺等。与传统对单元中危险有害因素的风险评估方法不同,本书以冶炼工艺为单元,以系统重点防控风险点为评估主线,划分评估单元,提出一种系统的通用风险清单辨识与评估方法,即风险分级管控与隐患违章违规电子证据库体系,包括危险部位查找、风险模式辨识、事故类别、后果、风险等级、管控措施、隐患排查内容、违章违规判别方式、监测监控方式、监测监控部位等内容。

(1) 统计分析

采用现场调研、事故案例收集、文献查阅等统计调查手段,整理事故发生的时间、事故经过、事故发生的直接原因、间接原因、事故类别、事故后果、事故等级等基础资料,进行初步的分析,再运用国家标准与行业规范,提出风险管控建议。

（2）风险模式分析

对风险的前兆、后果与各种起因进行评价与判断，找出主要原因并进行仔细检查、分析。

（3）风险评价

采用风险矩阵法，辨识出每一项风险模式可能存在的危害，并判定这种危害可能产生的后果及产生这种后果的可能性，二者相乘，确定风险等级。

（4）风险分级与管控措施

依据评估结果，由风险大小依次分 A 级、B 级、C 级、D 级四类，以表征风险高低。在风险辨识和风险评估的基础上，预先采取措施消除或控制风险。

（5）隐患电子违章信息采集

安装在线监测监控系统，获取动态隐患及违章信息。根据隐患排查内容，对可能出现的电子违章违规行为、状态、缺陷等，提出判别方式，实施在线监测监控手段，再结合企业潜在的事故隐患自查自报方式，获取违章违规电子证据库。

该风险分级管控与隐患违章违规电子证据库体系以风险预控为核心，以隐患排查为基础，以违章违规电子证据为重点，以"PDCA"循环管理为运行模式，依靠科学的考核评价机制推动其有效运行，策划风险防控措施，实施跟踪验证，持续更新防控流程。目的是要实现事故的双重预防性工作机制，是基于风险的过程安全管理理念的具体实践，是实现事故预控的有效手段。前者需要在政府引导下由企业落实主体责任，后者需要在企业落实主体责任的基础上督导、监管和执法。二者是上下承接关系，前者是源头，是预防事故的第一道防线，后者是预防事故的末端治理。

单元风险分级评估与隐患违章违规电子库辨识流程见图 3-1。

三、评估单元确定的原则

风险评估单元借鉴安全生产标准化单元划分经验，以相对独立的工艺系统作为固有风险辨识评估单元，一般以车间划分。该单元的划分原则兼顾了单元安全风险管控能力与安全生产标准化管控体系的无缝对接。风险点是在单元区域内，以可能诱发的本单元重特大事故点作为风险点。

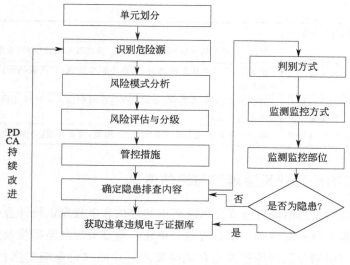

图 3-1　单元风险分级评估与隐患违章违规电子库辨识流程

四、评估单元的划分结果

将金属冶炼行业按工艺特点划分评估单元,见表 3-4。

表 3-4　安全评估单元划分

评估对象	风险评估单元	备注
金属冶炼行业	炼铁	高炉炼铁,直接还原法炼铁,熔融还原法炼铁
	炼钢	铁水预处理,转炉炼钢,电炉(含电炉、中频炉等电热设备)炼钢,钢水炉外精炼,钢水连铸
	黑色金属铸造	高炉铸造生铁,模铸,重熔铸造(含金属熔炼、精炼、浇铸)
	铁合金冶炼	高炉法冶炼,氧气转炉、电炉(含矿热炉、中频炉等电热设备)法冶炼,炉外法(金属热法)冶炼
	铜冶炼	冰铜熔炼,铜锍吹炼,粗铜火法精炼
	铅锌冶炼	铅冶炼:氧化熔炼,还原熔炼,火法精炼
		锌冶炼:还原熔炼,粗锌精炼
	镍钴冶炼	镍冶炼:造锍熔炼,镍锍吹炼,还原熔炼
	锡冶炼	还原熔炼,火法精炼
	锑冶炼	挥发熔炼,还原熔炼,火法精炼
	铝冶炼	氧化铝熔融电解
	镁冶炼	硅热还原法炼镁,氯化镁熔盐电解,粗镁精炼

续表

评估对象	风险评估单元	备注
金属冶炼行业	其他稀有金属冶炼	钛冶炼:富钛料制取,氯化,粗 $TiCl_4$ 精制及海绵钛生产(金属热还原法)
		钒冶炼:金属热还原法炼钒,硅热还原法炼钒,真空碳热还原法炼钒,熔盐电解精炼
	有色金属合金制造	通过熔炼、精炼等方式,在某一有色金属中加入一种或几种其他元素制造合金的生产活动
	有色金属铸造	液态有色金属及其合金连续铸造,模铸,重熔铸造(含金属熔炼、浇铸)

五、金属冶炼行业风险辨识与评估清单

结合典型金属冶炼行业安全风险辨识与评估和事故案例统计分析结果,参照法律法规及行业标准等,结合所划分单元,重点关注危险部位及关键作业岗位,辨识与研判金属冶炼行业潜在风险模式,参照《企业职工伤亡事故分类》(GB 6441)识别事故后果类别,分析事故后果严重程度,并提出与风险模式相对应的管控对策[3]。此外,按照隐患排查内容、要求查找隐患,并对可能出现的电子违章违规行为、状态、缺陷等,利用在线监测监控系统获取违章证据,最终形成安全风险与隐患违章信息表。综合考虑可能出现的事故类型与事故后果,运用风险矩阵对每一项进行评估,确定风险等级。

与风险辨识信息表制作有关的关键术语的释义:

① 危险部位:各评估单元具有潜在能量和物质释放危险的、可造成人员伤害、在一定的触发因素作用下发生事故的部位。

② 风险模式:即风险的表现形式,风险的出现方式或风险对操作的影响。

③ 事故类别:参照《企业职工伤亡事故分类》(GB 6441)事故类别与定义。

④ 事故后果:某种事件对目标影响的结果。事件导致的最严重的潜在后果,用人员伤害程度、财产损失、系统或设备设施破坏、社会影响力加以度量。

⑤ 风险等级:单一风险或组合风险的大小,以后果和可能性的组合来表达。

⑥ 风险管控措施:与参考依据一一对应,主要依据国家标准和行业规范,针对每一项风险模式从标准或规范中找出对应的管控措施列出来。如:《炼铁安全规程》(AQ 2002)《炼钢安全规程》(AQ 2001)《工业企业煤气安全规

表 3-5 冶金熔融金属安全风险、隐患信息表（样表）

部位	作业或活动名称	安全风险评估与管控						隐患违规电子证据			
		风险模式	事故类别	事故后果	风险等级	风险管控措施	参考依据	隐患检查内容	判别方式	监测监控方式	监测监控部位
高炉炉基	出铁、巡检	高炉炉基裂缝、破损、冒气、冒火、熔融金属泄漏	爆炸、灼烫	重大人员伤亡、财产损失		1.热电偶对高炉炉底进行自动、连续测温；2.炉底水冷管水压、进出口水温差正常；3.视频监控：炉基区无积水、可燃易燃物，无无人员。其他措施：1.炉底水冷管破损检查，应严格按操作规程逆序进行；2.大修前，应由全面检查小组对炉基进行全面检查；3.大、中修后，炉底及炉体部分的热电偶应在送风前校验	AQ 2002—2018《炼铁安全规程》9.1.3、9.1.9、9.2.17	是否对炉底进行有效测温、炉底冷却水系统是否正常；炉基是否无积水、无大量人员。	通过炉底测温、冷却水参数、现场视频	参数监控、视频	炉底热电偶显示、冷却水参数、炉基、铁水罐区的视频
高炉风口及平台	检修、巡检	高炉风口破损、烧穿、内漏	爆炸、灼烫	人员伤亡、财产损失		1.风口冷却水系统的水压、水量进出口水温差监测控制；2.视频监控：风口平台无积水、无无人员。其他措施：1.宜设置风口摄像装置；2.风口换操作的安全措施；风口、渣口发生爆炸，风口、风管烧穿时有应急措施	AQ 2002—2018《炼铁安全规程》9.1.2、9.1.8、9.2.17、9.2.18、9.2.15；GB 50427—2015《高炉炼铁工程设计规范》8.0.13	风口冷却水统是否正常、风口平台是否无积水、无大量人员。	通过冷却水参数、现场视频	参数监控、视频	风口冷却水参数、风口平台视频

续表

部位	作业或活动名称	安全风险评估与管控					参考依据	隐患违规电子证据			
		风险模式	事故类别	事故后果	风险等级	风险管控措施		隐患检查内容	判别方式	监测监控方式	监测监控部位
高炉炉壳	检修、巡检	高炉炉壳发红、开裂	爆炸、灼烫	人员伤亡、财产损失		1. 炉体冷却系统的水流量、水压、进出口水温差正常；2. 视频监控：风口及以上平台无无关人员。其他措施。1. 各冷却部位的水温差及水压，应每2h至少检查1次；发现异常及时处理；有对冷却水内漏征兆的预判措施和操作规程；2. 外壳开裂和冷却器烧坏，应及时处理；3. 高炉应有事故供水措施；有断风、停电、停水的措施。	AQ 2002—2018《炼铁安全规程》9.1.8、9.2.17、9.2.18、9.1.6、9.2.8、9.2.10	冷却水系统是否正常	通过冷却水参数	参数监控	炉体冷却系统的参数
高炉炉缸	检修、出渣铁	高炉炉缸烧穿、跑大流	爆炸、灼烫	重大人员伤亡、财产损失		1. 炉缸、炉底冷却水温差及热流强度监控；2. 对炉底、炉缸侧壁侵蚀特别是铁口下部区域，应设置炭砖温度监测设施。3. 视频监控：出铁场无无关人员，无积水。其他措施。	AQ 2002—2018《炼铁安全规程》9.1.3、9.2.11、9.2.14、9.2.17、GB 50427—2015《高炉炼铁工程设计规范》8.0.12、8.0.13；YB/T 4591—2017《高炉...》	炉缸、炉底冷却水系统是否正常，炉缸侧壁特别区域、炉缸特别温度是否正常，炉缸热负荷检测系统及炉缸侵蚀模型是否无报警，出铁场是否无积水	通过冷却水参数、炉缸、炉底温度参数、炉缸侧壁温度参数、炉缸热负荷检测系统负荷及炉缸侵蚀模型现场视频	参数监控、视频监控	炉缸、炉底冷却水系统的参数，炉缸侧壁温度参数，炉缸水系统热负荷检测系统及炉缸侵蚀模型监测系统及炉缸侵蚀模型的报...

续表

部位	作业或活动名称	安全风险评估与管控						隐患违规电子证据			
		风险模式	事故类别	事故后果	风险等级	风险管控措施	参考依据	隐患检查内容	判别方式	监测监控方式	监测监控部位
高炉炉缸						1. 高炉超过安全容存铁量不应接近或超过安全容铁量;发生时有应急措施; 2. 加强铁口深度、角度及泥套等日常检查与维护,并规范开口机和泥炮操作; 3. 出铁前应做好准备:铁水罐、渣系统;高炉炉前宜设置铁水称重和铁罐液位检测装置; 4. 开炉、停炉出铁时的安全措施;大修停炉残铁的安全措施;出现炉缸烧穿的应急措施;	炼铁安全生产操作技术要求8.1.2	积水,无,无关人员。			警信号,出铁场视频
干渣坑	检修、出渣	干渣遇水爆炸	爆炸、灼烫	重大人员伤亡、财产损失		视频监控:干渣坑无积水、无杂物,无关人员活动。	AQ 2002—2018《炼铁安全规程》11.4.4	干渣坑是否无积水、无杂物,无人员活动	干渣坑现场视频	视频	干渣坑视频
铸铁区	铸铁	铸铁时铁水遇水爆炸	爆炸、灼烫	重大人员伤亡、财产损失		视频监控:铸铁区无无关人员,无积水。 其他措施: 1. 铸铁机地坑和铸槽内不应有积水; 2. 铸铁时铁水流应均匀、	AQ 2002—2018《炼铁安全规程》15.10、15.12、15.13	铸铁区是否无积水、无关人员	铸铁区现场视频	视频	铸铁区视频

续表

部位	安全风险评估与管控							隐患违规电子证据			
	作业或活动名称	风险模式	事故类别	事故后果	风险等级	风险管控措施	参考依据	隐患排查内容	判别方式	监测监控方式	监测监控部位
铸铁区						不应使用开裂及内表面有缺陷的铸模；3. 远离正在铸铁的铁水罐；倾翻罐下、翻板区域，不应有人；					
铁水罐、钢水罐、中间包(罐)、渣罐	出铁、运输、吊运、倒装、倾翻、出钢、精炼、连铸	铁水罐、钢水罐、中间包(罐)、渣罐缺陷、发生泄漏或吊装时倾翻、翻、掉落。铁水、钢水罐结壳、盖加热时内部气体急剧膨胀致爆炸	爆炸、灼烫	重大人员伤亡、财产损失		视频监控：铁水罐、钢水罐、中间包(罐)、渣罐转运区无积水及可燃易燃物，无无关人员。其他措施：1. 应对罐体和耳轴进行无损检测，耳轴每年检测1次。凡耳轴出现内裂纹、壳体焊缝明显变形，耳轴磨损大于直径的10%，机械失灵，封计有损坏报废规定，均应报修或报废；2. 铁水罐、钢水罐、中间罐的壳体上，应有排气孔。罐体耳轴，应干罐体合成重心以上，0.2~0.4m的对称重心，并以1.25倍应应不小于8，其安全系数应不小于重负荷试验合格方可使用；	AQ 2001—2018《炼钢安全规程》8.1.8.5	铁水罐、钢水罐、中间包(罐)、渣罐转运区是否无积水及可燃易燃物，无无关人员；	现场视频	视频	铁水运输线、钢水转运台车运行轨道、渣线区域的视频

续表

| 部位 | 安全风险评估与管控 | | | | | | | 隐患违规电子证据 | | | |
	作业或活动名称	风险模式	事故类别	事故后果	风险等级	风险管控措施	参考依据	隐患检查内容	判别方式	监测监控方式	监测监控部位
铁水罐、钢水罐、中间包(罐)、渣罐						4. 铁水罐、钢水罐和中间罐修砌后,应干燥、使用前应烘烤至要求温度方可使用; 5. 用于铁水预处理的钢水罐、罐与用于炉外精炼的钢水罐,应经常维护罐口;罐口严重结壳,应停止使用。应及时清理铁水罐、钢水罐罐口、罐壁上粘结的块状残钢、残渣; 6. 渣罐(盆)使用前应进行或检查,其罐(盆)内不应有水或潮湿的物料; 7. 钢水罐滑动水口,每次使用前应进行清理、检查,并调试合格; 8. 铁水罐、钢水罐内的自由空间高度(液面至罐口),应满足工艺设计的要求; 9. 铁水罐、钢水罐内的其他铁水罐、钢水罐,不应使用大钩压撞击凝盖。也不应人工使用管压残留凝状物的铁水、钢水罐。有未凝结残留的铁水、钢水罐,不应卧放; 10. 规范铁水、液渣、钢水的运输					

续表

部位	安全风险评估与管控							隐患违规电子证据			
	作业或活动名称	风险模式	事故类别	事故后果	风险等级	风险管控措施	参考依据	隐患检查内容	判别方式	监测监控方式	监测监控部位
起重机	起重作业	铁水罐、钢水罐、渣罐吊运时,因起重机缺陷、操作不当发生倾翻、掉落	爆炸、灼烫、起重伤害	重大人员伤亡、财产损失		视频监控:熔融物吊运区无积水及可燃易燃物,无无关人员; 其他措施: 1. 炼钢车间吊运铁水、钢水或铸造渣,铸造起重机额定能力应符合 GB 50439 的规定; 2. 起重机械与工具,应有完整的技术证明文件和使用说明,应经有关部门检查验收合格,方可投入使用;桥式起重机等起重设备,发现问题及时处理,应定期对吊钩本体作超声检测; 3. 铁水罐、钢水罐吊钩的横梁、耳轴销和吊钩、钢丝绳进行检查,发现问题及时处理,应定期对吊钩本体作超声检测; 4. 钢丝绳、链条等常用起重工具,其使用、维护与报废应遵守 GB/T 6067.1、GB/T 5972 的规定; 5. 起重机作业与安全装置,应符合 GB/T 6067.1 的有关规定。应装有能从地面辨别额	AQ 2001—2018 《炼钢安全规程》8.4	熔融物吊运区是否无积水及可燃易燃物、无关人员	现场视频	视频	熔融物吊运区域的视频

续表

部位	作业或活动名称	安全风险评估与管控						隐患违规电子证据			
		风险模式	事故类别	事故后果	风险等级	风险管控措施	参考依据	隐患检查内容	判别方式	监测监控方式	监测监控部位
起重机						定荷重的标识,安装起重量限制器,不应超负荷作业； 6. 起重设备应经静、动负荷试验合格,方可使用。桥式起重机等负荷试验,采用其额定负荷的1.25倍； 7. 起重作业应由经专门培训、考核合格的专职人员指挥,同一时刻只有起重机司机易于辨认的明显的识别标识,指挥信号应遵守GB/T 5082的规定。 吊运重罐铁水、钢水、液渣,应确认挂钩挂牢,方可通知起重机司机起吊,起吊时,人员应站在安全位置,并尽量远离起吊地点。规范起重作业； 8. 起重启动和移动时,应发出声响与灯光信号。吊物上方通过;不应用吊物撞击其他物体或设备(脱模模操作除外);吊物上不应有人; 9. 起重机吊运通道下方不应设操作室、休息室等					

续表

部位	作业或活动名称	安全风险评估与管控						隐患违规电子证据			
		风险模式	事故类别	事故后果	风险等级	风险管控措施	参考依据	隐患检查内容	判别方式	监测监控方式	监测监控部位
混铁炉	混铁	铁水倒罐时发生泼溅	爆炸、灼烫、起重伤害	人员伤亡、财产损失		视频监控:混铁炉区无积水及可燃易燃物,无无关人员 其他措施: 1. 铁水车车速平稳,不超速,铁水车不急停; 2. 检查确保铁水运输线机道平整,四周无水; 3. 确认鱼雷罐四周及受铁坑区域无人;检查确认倒罐区域、坑下铁水倒罐车区域地面周边无积水,不潮湿	AQ 2001—2018《炼钢安全规程》7.3.2、7.3.3、7.3.4	混铁炉区是否无积水及可燃易燃物,无大量人员;	现场视频	视频	混铁炉区域的视频
铁水预处理区	铁水预处理	铁水预处理时发生喷溅或外溢	爆炸、灼烫	人员伤亡、财产损失		视频监控:铁水预处理区无积水及可燃易燃物,无大量人员 其他措施: 1. 脱硫区域各层台上无人; 2. 检查确认铁水罐车地平面无水无潮废物。罐车四周无人。加入的脱硫剂干燥,无水; 3. 扒渣用渣罐(渣盆)到位,无水无潮废物; 4. 确认倾动铁水罐至标准角度	AQ 2001—2018《炼钢安全规程》7.3.6	铁水预处理区是否无积水及大量燃易燃物,无大量人员;	现场视频	视频	铁水预处理区域的视频

续表

部位	作业或活动名称	风险模式	安全风险评估与管控					隐患违规电子证据			
			事故类别	事故后果	风险等级	风险管控措施	参考依据	隐患检查内容	判别方式	监测监控方式	监测监控部位
转炉	炼钢	转炉冶炼时发生喷溅、外溢	爆炸、灼烫	重大人员伤亡、财产损失		1. 视频监控:转炉平台、炉下钢水罐车及渣车轨道区域无积水,无关人员; 2. 氧枪,水冷炉口、烟罩和加料溜槽冷却系统的水流量,温度正常。 其他措施: 1. 确认转炉平台无关人员; 2. 规范兑铁水、加废钢操作;废钢配料,应防止带入爆炸物、有毒物或密闭容器有水、有潮物; 3. 氧枪漏水,水冷炉口、烟罩和加料溜槽等水冷件冷却水,停电时的应急措施;冶炼前的检查确认工作。 4. 倾动转炉时出钢确认措施;测温取样和出钢时,人员时位确认;出渣时钢水罐车对位;出渣时确认渣罐车对位无积水。 5. 定期检查炉衬壁厚;按补炉计划及时补好炉。新炉、停炉维修后开炉及停炉吹8h后的转炉开炉前的检查确认工作	AQ 2001—2018《炼钢安全规程》9.1.4、9.1.6、9.2.2、9.2.4、9.2.5、9.2.6、9.2.7	转炉平台、炉下钢水罐车及渣车轨道区域无积水,及可燃易燃物,无关人员,冷却水系统的水流量、温度正常	冷却水参数、现场视频	参数监控、视频	氧枪,水冷炉口、烟罩和加料溜槽冷却系统的水流量、温度参数,转炉平台、炉下钢水罐车及渣车视频,道区域视频

续表

部位	安全风险评估与管控							隐患违规电子证据			
	作业或活动名称	风险模式	事故类别	事故后果	风险等级	风险管控措施	参考依据	隐患检查内容	判别方式	监测监控方式	监测监控部位
电炉	炼钢	电炉冶炼时发生喷溅、外溢	爆炸、灼烫	重大人员伤亡、财产损失		1. 视频监控：电炉炉下区域,炉下出钢线与渣线地面区域无积水,无无关人员；2. 水冷炉壁与炉盖的水冷板等的出水温度与进出水流量检测参数正常。其他措施：1. 电炉倾动机械应设零位锁定,电极升降应有上限位锁定；电极升降与炉盖旋转、炉子倾动等动作的机械动作应设有可靠的安全联锁；电炉出钢倾动与炉下钢水罐车的停靠位置及电子秤联锁；采用铁水热装工艺的电炉,应能正确控制兑铁水小车的停靠与位置,防跑铁；水冷钢水罐的不同厚度的耐火材料中设置温度测量元件,当未特定测量温度超过规定值时,应立即停止冶炼,修理炉底。2. 在电炉炉下不同厚度的	AQ 2001—2018《炼钢安全规程》10.1.8, 10.2.8, 10.2.10	电炉炉下区域、炉下出钢线与渣线地面区域无积水及无可燃易燃物,无无关人员；冷却系统的水流量、温度正常	冷却水参数、现场视频	参数监控、视频	水冷炉壁与炉盖等的出水温度与进出水流量差的参数,电炉炉下区域、炉下出渣线与钢线与地面区域的视频

续表

部位	作业或活动名称	安全风险评估与管控						隐患违规电子证据			
		风险模式	事故类别	事故后果	风险等级	风险管控措施	参考依据	隐患检查内容	判别方式	监测监控方式	监测监控部位
电炉						3. 直流电弧炉水冷钢棒式底电极,应有温度检测,应采用喷淋冷却方式,避免采用有压排水方式,炉底应采用落地管线,悬挂设置,不应采用冷却水管确认;吹氧喷碳作业,热凝渣时的措施等; 4. 开炉前的检查确认,吹氧喷碳作业,热凝渣时的安全操作;冷却水内漏的应急措施;炉口结盖的应急措施; 5. 定期检查炉村座厚;按补炉计划及时补好炉					
炉外精炼区	炉外精炼	炉外精炼时发生喷溅、外溢	爆炸、灼烫	重大人员伤亡、财产损失		1. 视频监控:精炼炉区域与钢水罐运行区域无积水,无关人员. 2. 水冷伴冷却水系统进出水流量差检测正常。 其他措施: 1. 应有事故漏钢措施;VD、VOD等钢包真空精炼装置,其蒸汽喷射或真空泵系统应有抑制钢液溢出钢色应设彩色工业电视、监视措施,监视;真空罐内钢液面升降;	AQ 2001—2018《炼钢安全规程》11.1.1,11.1.2,11.1.4,11.2.2,11.2.4,11.2.5,11.2.6,11.2.7,11.2.8,11.2.13	精炼炉区域与钢水罐运行区域无积水及无关人员,冷却水系统的流量差正常	冷却水参数,现场视频	参数监控,视频	水冷伴冷却水系统进出水流量差检测的参数,精炼炉、钢水区域与罐运行区域的视频

续表

| 部位 | 作业或活动名称 | 安全风险评估与管控 | | | | | | 隐患违规电子证据 | | | |
		风险模式	事故类别	事故后果	风险等级	风险管控措施	参考依据	隐患检查内容	判别方式	监测监控方式	监测监控部位
炉外精炼区						2. VOD、CAS-OB、RH-KTB等水冷氧枪升降机械，应有事故驱动等安全措施，确保在断电期间同保护设备免遭损坏；如VOD、CAS-OB、IR-UT、RH-KTB中的水冷氧枪，应配备进出水流量差报警装置，报警信号发出后，氧枪应自动提升并停止供氧，停止精炼作业； 3. 新砌耐火材料及部件工具应经干燥；精炼炉工作之前应检查确认；应控制炼钢炉出钢量、钢液面以上钢包的自由空间、氩气底吹搅拌装置调节搅拌强度，防止溢钢；不应加入潮湿材料，有冷却水内漏时的应对措施					
连铸区	连铸	钢水连铸时漏钢、渴水爆炸	爆炸、灼烫	重大人员伤亡、财产损失		1. 视频监控：连铸平台上漏钢事故波及的区域无积水、可燃易燃物，无关无人员； 2. 结晶器冷却水的检测正常，无报警。	AQ 2001—2018《炼钢安全规程》12.3.3、12.3.4、12.3.6、12.3.9、12.3.10、12.3.15	连铸平台上漏钢事故波及的区域无积水、无可燃物，易燃物，无关无人员，结晶器冷却水	结晶器冷却水参数、现场视频	参数监控、视频	结晶器冷却水检测参数，连铸主平台及以下

续表

部位	作业或活动名称	安全风险评估与管控						隐患违规电子证据			
		风险模式	事故类别	事故后果	风险等级	风险管控措施	参考依据	隐患检查内容	判别方式	监测监控方式	监测监控部位
连铸区						其他措施： 1. 连铸浇注区，应设事故钢水罐、溢流槽、中间溢流槽、钢水罐漏钢回转槽、中间罐漏钢坑及钢水罐滑板事故关闭系统。中间罐，出现异常情况可以紧急处理，钢水罐滑板自动关闭，旋转至至事故坑上方。结晶器，二次喷淋冷却装置配备事故供水系统； 2. 钢水罐、中间罐的检查确认；浇注前的检查确认		的检测正常			各层的视频
模铸区	模铸	钢水接触模内积水、渗水发生爆炸，或泄漏遇水爆炸	爆炸、灼烫	重大人员伤亡、财产损失		视频监控：连铸区域无积水，可观易燃物，无无关人员。其他措施： 1. 转模应可靠、干燥、避免渗水积水； 2. 浇注前的检查确认、漏钢时的应急措施	AQ 2001—2018《炼钢安全规程》12.2.1,12.2.5	连铸区域无积水、无无关人员	现场视频	视频	连模铸区域的视频

程》（GB 6222）《铜冶炼安全生产规范》（GB/T 29520）《铜及铜合金熔铸安全生产规范》（GB 30080）等。

⑦ 隐患违规电子证据：按照隐患排查内容、要求查找隐患，并对可能出现的电子违章违规行为、状态、缺陷等，利用在线监测监控系统获取违章证据，为远程执法提供证据。

⑧ 判别方式：根据排查的内容，判别是否出现的违章违规行为、状态、管理缺陷等。

⑨ 监测监控方式：查找隐患的信息化手段，主要有在线监测、监控、无人机摄取、日常隐患或分析资料的上传等。

⑩ 监测监控部位：在重点部位或事故易发部位安装监测监控设备进行实时在线展示的现状部位。

构建冶金熔融金属、冶金企业煤气、铸造、铁合金、铜冶炼、有色金属铸造等单元通用风险辨识与评估清单，形成通用安全风险与隐患违规电子证据信息，覆盖各类型金属冶炼安全重大风险点运行中的潜在安全风险。冶金熔融金属安全风险、隐患信息辨识清单见表3-5，其他冶金企业煤气、铸造、铁合金、铜冶炼、有色金属铸造等通用风险辨识清单见附录一。

第二节　"五高"风险辨识与评估程序

"五高"风险辨识是指在事故发生之前，人们运用各种方法，系统地连续地认识某个系统的"五高"风险，并分析事故发生的潜在原因[4]。基于事故统计、现场调研与法律法规等资料，研究企业风险辨识评估技术与防控体系，注重理论、技术、方法研究，重点研究和解决企业风险固有、动态风险管理与防控的关键技术问题及其在工程领域的应用[5]。"五高"风险辨识与评估过程包含风险类型辨识；固有风险与动态评估指标体系的编制；风险点风险严重度（固有风险）、单元风险管控、单元风险动态修正模型的构建；现实风险分级标准；风险管控对策。"五高"风险辨识与评估流程如下。

1. 风险点"五高"固有风险辨识

（1）"五高"风险因子辨识

在风险单元区域内，以可能诱发的本单元重特大事故点作为风险点。基于单元事故风险点，分析事故致因机理，评估事故严重后果，并从高风险物品、高风险工艺、高风险设备、高风险场所、高风险作业（"五高"风险）辨识高危风险因子。

（2）"五高"固有风险清单编制

在"五高"固有风险因子辨识后，将各个风险点的"五高"风险因子辨识结果整理汇编成单元固有风险清单，并按规定及时更新。

2. 风险点"五高"固有风险评估

建立"五高"固有风险指标体系，通过建立的评估模型，计算风险点的固有危险指数。

3. 单元固有风险评估

计算单元内若干风险点固有危险指数的危险暴露加权累计值。

4. 确定单元风险频率

以单元安全生产标准化得分百分比的倒数作为单元风险频率指标。

5. 单元初始高危安全风险评估

将单元风险管控频率与单元固有危险指数聚合。

6. 动态风险因子辨识

（1）单元动态风险因子辨识

运用各种方法，系统地、连续地识别单元的动态风险因子，包括高危风险动态监测因子、安全生产基础管理动态因子、自然环境动态因子、物联网大数据动态因子、特殊时期动态因子等。

① 高危风险动态监测因子从企业现有的监测系统提取，如温度、压力、冷却水等，此因子作为对风险点固有危险指数动态修正；

② 安全生产基础管理动态因子是符合单元安全生产管理特点的指标，主要包括事故隐患、生产事故两项指标；

③ 自然环境动态因子从气象系统获取，选取对本单元事故发生有影响的气象和地质灾害数据；

④ 物联网大数据动态因子从国家安全大数据平台提取，选取与本单元系统相关的同类型事故数据；

⑤ 特殊时期动态因子从政务网、国家日历获取，选取两会、国家法定节假日、重大活动等作为动态数据。

（2）单元动态风险清单编制

在动态风险因子辨识后，编制本单元的动态风险清单，并按规定及时更新。

7. 单元现实安全风险评估

用不同动态风险因子形成的现实风险动态修正指标，分别实时修正风险点固有危险指数和单元初始高危安全风险。

8. 风险聚合

由单元风险聚合到企业风险、由企业风险聚合到区域风险，区域风险聚合包括县（区）级和市级两级风险聚合。

"五高"风险辨识与评估流程见图 3-2。

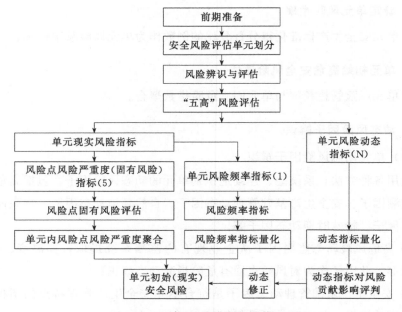

图 3-2 "五高"风险辨识与评估流程

第三节 "5+1+N" 风险指标体系

"5+1+N"指标体系由风险点固有风险指标、单元风险频率指标以及单元现实风险动态修正指标组成。

（1）风险点固有风险指标（"5"）

"五高"固有风险指标重点将高风险物品、高风险工艺、高风险设备、高风险场所、高风险作业作为指标体系的五个风险因子，分析指标要素与特征值，构建固有风险指标体系。

（2）单元风险频率指标（"1"）

单元高危风险管控频率指标以企业安全管理现状来进行表征。

（3）风险动态调整指标（"N"）

该指标重点从高危风险监测特征修正系数、安全生产基础管理动态修正系数、特殊时期指标、高危风险物联网指标、自然环境等方面分析指标要素与特征值，来构建指标体系。

一、风险点固有风险指标（"5"）

"五高"固有风险指标重点将高风险物品（如铁水、钢水、熔渣、煤气）、高风险工艺（如高炉系统、转炉系统、冷却水系统）、高风险设备（如高炉本体、转炉、煤气柜）、高风险场所（如高炉区域、转炉区域）、高风险作业（如危险作业、特种作业、特种设备作业等）作为指标体系的五个风险因子，分析指标要素与特征值，构建固有风险指标体系，如表3-6所示。

二、单元风险频率指标（"1"）

用企业安全管理现状整体安全程度表征单元高危风险管控频率指标。安全生产标准化是企业安全管控水平的重要衡量。《企业安全生产标准化基本规范》（GB/T 33000—2016）指出，企业应根据自身安全生产实际，从目标职责、制

表 3-6　炼铁单元"五高"固有风险指标（样表）

典型事故风险点	风险因子	要素	指标描述	特征值		取值	备注
高炉坍塌事故风险点	高风险设备	高炉本体	本质安全化水平	危险隔离（替代）			
				故障安全	失误安全		
					失误风险		
				故障风险	失误安全		
					失误风险		
	高风险工艺	软水密闭循环系统	监测监控设施完好水平	冷却壁系统水量监测	失效率		
				炉底系统水量监测	失效率		
		高炉系统		炉身冷却壁温度监测	失效率		
				炉腰冷却壁温度监测	失效率		
				炉腹冷却壁温度监测	失效率		
				炉缸内衬温度监测	失效率		
				炉基温度监测	失效率		
				视频监控	失效率		
	高风险场所	高炉区域	人员风险暴露	"人员风险暴露"根据事故风险模拟计算结果，暴露在事故影响范围内的所有人员（包含作业人员及周边可能存在的人员）			
	高风险物品	铁水	物质危险性	铁水危险物质特性指数			
		高温炉料		高温炉料危险物质特性指数			
	高风险作业	危险作业	高风险作业种类数	高炉分配器排枪堵塞作业数量			
		特种设备操作		电梯作业			
				起重机械作业			
				场（厂）内专用机动车辆作业			
				金属焊接操作			
		特种作业		电工作业			
				高处作业			

度化管理、教育培训、现场管理、安全风险管控及隐患排查治理、应急管理、事故管理、持续改进 8 个要素内容实施标准化管理。

三、风险动态调整指标（"N"）

安全状态是动态变化的，会随着监测指标、管控状态、外部自然环境以及事故大数据分析结果而变化。为准确反映安全风险的实时状态，本书建立了动态风险指标体系。

高危风险监测特征指标主要依据监测监控在线系统预警信号对风险的动态影响。安全生产基础管理动态指标包含事故隐患动态指标，主要指安全生产管理体系与现场管理的动态变化，以排查出的一般事故隐患与重大事故隐患。特殊时期指标如国家或地方重要活动、法定节假日对该区域提出升级管控的影响。借鉴国内外典型同类生产事故案例引发事故，该时期内应重视自身企业运营状态的安全性。应注意自然灾害的波动对风险的扰动。企业应采取综合治理措施降低风险。

动态风险指标体系重点从高危风险监测特征指标、安全生产基础管理动态指标、特殊时期指标、高危风险物联网指标、自然环境等方面分析指标要素与特征值，构建指标体系参见表3-7。

表3-7　金属冶炼行业重大安全风险动态指标体系（样表）

典型事故风险点	风险因子	要素	指标描述	特征值		现状描述	取值
高炉坍塌事故风险点	高危风险监测监控特征指标	软水密闭循环系统	监测监控系统报警、预警情况	冷却壁系统水量监测	报警值及报警频率		
				炉底系统水量监测	报警值及报警频率		
		高炉系统		炉身冷却壁温度监测	报警值及报警频率		
				……			
	安全生产基础管理动态指标	安全生产管理体系	安全保障（制度、人员、机构、教育培训、应急、隐患排查、风险管理、事故管理）	按照《冶金等工贸行业企业安全生产预警系统技术标准（试行）》的规定：事故隐患、安全教育培训、应急演练及生产事故等4项安全生产基础管理绩效指标应与现实风险实施动态调控			
	特殊时期指标	国家或地方重要活动					提档
		法定节假日					提档
		相关重特大事故发生后一段时间内					提档

续表

典型事故风险点	风险因子	要素	指标描述	特征值		现状描述	取值
高炉坍塌事故风险点	高危风险物联网指标	外部因素	国内外实时典型案例				提档
		内部因素	单元内各类高危风险物联网指标状态	实时在线监测			
				定位追溯			
				报警联动			
				调度指挥			
				……			
	自然环境	气象灾害	暴雨、暴雪	降水量(气象部门预警级别)			提档
		地震灾害	地震	监测			提档
		地质灾害	如崩塌、滑坡、泥石流、地裂缝等				提档
		海洋灾害	—				提档
		生物灾害					提档
		森林草原灾害					提档

第四节　固有风险指标计量模型

一、风险点风险严重度（固有风险）指标（h）

风险点一般根据其风险大小及管理要求进行分级，并实行分级管理。该风险由危险频度指数及风险严重度确定。风险点的危险频度指数由计算模型确定；风险严重度即风险点一旦被触发可能造成损伤的程度，根据评估对象的特点，分别采用公式推算法和经验估算法来确定有关风险点的危险影响范围。关于风险点严重度的最终确定，主要考虑以下因素：

① 根据风险点潜在破坏能量所确定的破坏影响范围（R）；

② 暴露于破坏影响范围内的人员状况和设备系统情况；

③ 风险点对破坏影响范围内的单元破坏系数；

④ 风险点发生火灾、爆炸事故对临近风险点的连锁反应。

为防范和遏制重特大事故，《国务院安委会办公室关于实施遏制重特大事故工作指南全面加强安全生产源头管控和安全准入工作的指导意见》（安委办〔2017〕7号）提出要着力构建集规划设计、重点行业领域、工艺设备材料、特殊场所、人员素质"五位一体"的源头管控和安全准入制度体系，减少高风险项目数量和重大危险源，全面提升企业和区域的本质安全水平。为此，在基于近年国家关于防范和遏制重特大事故相关政策、法规的基础上，提出了"五高"风险的概念，即风险点风险固有风险指数受下列因素影响：

① 设备本质安全化水平；

② 监测监控失效率水平（体现工艺风险）；

③ 物质危险性；

④ 场所人员风险暴露；

⑤ 高风险作业危险性。

1. 高风险设备指数（h_s）

固有危险指数（高风险设备指数）以风险点设备设施本质安全化水平作为赋值依据，表征风险点生产设备设施防止事故发生的技术措施水平，风险点本质安全化水平指数采用分类、赋值的方式作为 h_s，具体如图 3-3 所示。此赋值因素繁杂，且赋值的数值最大相差大到 9 倍，会造成模型计算结果相差巨大，不利于分级。因此，经过研究、试算后，我们认为既方便计算机实现，又不会造成模型计算结果相差巨大，在原来的原理基础上，首先将赋值类型由原来的13 项缩减为 5 项，即用"危险隔离（替代）""故障安全-失误安全""故障安全-失误风险""故障风险-失误安全""故障风险-失误风险"等来表征设备设施本质化安全水平，取值范围变为 1.0～1.7，具体取值按表 3-8 进行。

表 3-8 高风险设备指数（h_s）

类型		取值
危险隔离（替代）		1.0
故障安全	失误安全	1.2
	失误风险	1.4
故障风险	失误安全	1.3
	失误风险	1.7

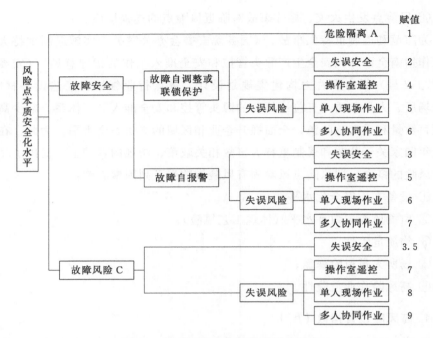

图 3-3　风险点本质安全化分类及赋值

2. 高风险物品（M）

高风险物品主要指具有爆炸性、易燃性、放射性、毒害性、腐蚀性的物品。高风险物品因其特有的物理、化学性质，作用于承载体导致事故的可能性和严重性都会较大。首先考虑物质的危险系数按照风险点所涉及的危险物质在《建筑设计防火规范》（GB 50016）中有关"生产的火灾危险性分类"中所提出的物质进行分类取值，取值见表 3-9。

表 3-9　物质危险系数赋值表

生产或储存物品火灾危险性类别	修正系数
甲	0.20
乙	0.15
丙	0.10
丁	0.05
戊	0.00

该取值方式是按照物质的火灾危险性来进行分类、取值的，只是对具有易

燃、易爆等特性的物质有了取值规则，但是对于涉及的毒物特性的物质没有取值规则。为了表征风险点所有物质的风险特性，对火灾、爆炸、毒性、能量等特性的所有物质都要加以考虑。为此，我们参照《危险化学品重大危险源辨识》的理念来表征风险点高风险物品的危险指数。

M 值由风险点高风险物品的火灾、爆炸、毒性、能量等特性确定，采用高风险物品的实际存在量与临界量的比值及对应物品的危险特性修正系数乘积的 m 值作为分级指标，根据分级结果确定 M 值。

风险点高风险物品 m 值的计算方法如下：

$$m = \left(\beta_1 \frac{q_1}{Q_1} + \beta_2 \frac{q_2}{Q_2} + \cdots + \beta_1 \frac{q_n}{Q_n} \right) \tag{3-2}$$

式中　q_1，q_2，$\cdots$，q_n——每种高风险物品实际存在（在线）量，t；

Q_1，Q_2，$\cdots$，Q_n——与各高风险物品相对应的临界量，t；

β_1，β_2，$\cdots$，β_n——与各高风险物品相对应的校正系数。

金属冶炼企业风险点涉及的高风险物品主要有铁水、钢水、熔渣、煤气、煤粉等，根据其危险特性规定了临界量。金属冶炼工艺涉及高风险物品相对应的临界量见表 3-10。

表 3-10　高风险物品临界量（Q_n）取值表

物品	符号 β	危险性分类及说明	临界量/t
煤气（CO,CO 和 H_2、CH_4 的混合物等）	J3	中毒、易燃易爆	20
铁水、钢水等高温熔融物	W12.1	爆炸、喷溅、泄漏	150
煤粉等可燃性粉尘	W12.2	易燃易爆	50

校正系数 β 的取值见表 3-11。

表 3-11　高风险物品校正系数（β_n）取值表

物品	符号 β	校正系数
煤气（CO,CO 和 H_2、CH_4 的混合物等）	J3	2
铁水、钢水等高温熔融物	W12.1	1
煤粉等可燃性粉尘	W12.2	2

根据计算出来的 α 值，按表 3-12 确定金属冶炼行业风险点高风险物品的级别，确定相应的物质指数（M），取值范围 1～9。

表 3-12   风险点高风险物品 R 值和物质指数 (M) 的对应关系

α 值	M 值
$R \geqslant 100$	9
$100 > R \geqslant 50$	7
$50 > R \geqslant 10$	5
$10 > R \geqslant 1$	3
$R < 1$	1

3. 高风险场所 (E)

高风险场所指致害物相对较多或较大能量意外释放的可能性相对较大的场所。这种场所因其致害物多、能量大，而且意外释放的可能性大，导致对系统的控制难度增大，一旦发生事故，后果严重。金属冶炼企业涉及的高风险场所主要有高炉区域、转炉区域、铸造区域、煤气泄漏影响区域等。高风险场所中最重要的就是在该场所内进行操作、检修以及受事故影响范围内的其他人员，为此，以风险点内暴露人数 P 来衡量高风险场所的风险指数，高风险场所 (E) 按表 3-13 取值，取值范围 1～9。

表 3-13   风险点暴露人员指数赋值表

暴露人数 (P)	E 值
100 人以上	9
30～99 人	7
10～29 人	5
3～9 人	3
0～2 人	1

4. 高风险工艺 (K_1)

高风险工艺指生产流程中由于工艺本身的状态和属性相对容易发生变化，从而改变原来的安全风险平衡体系，引起风险增加，可能导致严重事故发生的工艺过程。这类工艺的特点表现为相对难以控制，系统中能量大，致害物多。影响工艺的特征指标主要是针对工艺的控制系统及其联锁保护系统，而工艺的控制系统及其联锁保护系统最重要的就是工艺过程的监测监控设施。监测监控设施的可靠性、完好性直接影响对工艺过程控制的效率和联锁保护的有效性。因此，针对高风险工艺的指标本书采用工艺过程中监测、监控设施的有效性来表征。

由监测监控设施失效率修正系数 K_1 表征：

$$K_1 = 1 + l \tag{3-3}$$

式中　l——监测监控设施失效率的平均值。

5. 高风险作业（K_2）

近几年来，全国重特大事故频发的主要原因是人的不安全行为没有得到有效控制，人们没有在思想上、安全意识上引起高度的重视。人的思想、安全意识决定人的行为，思想上不重视安全，安全意识差必然导致人的不安全行为，而不安全行为又是造成事故发生的根源。高风险人群因其岗位、工种、操作的特殊性，在整个系统环境中处于十分重要地位，其行为的不安全性极易导致事故发生。人群行为的不安全性可能来自技能、生理、心理、外在条件等因素的影响。对于风险点中安全风险影响最大的人群就是高风险作业的人群，高风险作业包括风险点中涉及的特种作业人员、特种设备操作人员以及危险作业涉及的人员。因此，可用风险点中某个时间段内涉及的所有高风险作业种类数量来表征高风险人员的危险性系数。

由危险性修正系数 K_2 表征：

$$K_2 = 1 + 0.05t \tag{3-4}$$

式中　t——风险点涉及高风险作业种类数。

6. 风险点固有危险指数（h）

将风险点危险指数 h 定义为：

$$h = h_s M E K_1 K_2 \tag{3-5}$$

式中　h_s——高风险设备指数；

$\quad\quad M$——物质危险系数；

$\quad\quad E$——场所人员暴露指数；

$\quad\quad K_1$——监测监控失效率修正系数；

$\quad\quad K_2$——高风险作业危险性修正系数。

二、单元固有危险指数（H）

单元区域内存在若干风险点，根据安全控制论原理，单元固有危险指数为若干风险点固有危险指数的场所人员暴露指数加权累计值。H 定义如下：

$$H = \sum_{i=1}^{n} h_i \left(\frac{E_i}{F} \right) \tag{3-6}$$

式中　h_i——单元内第 i 个风险点固有危险指数；

$\quad\quad E_i$——单元内第 i 个风险点场所人员暴露指数；

$\quad\quad F$——单元内各风险点场所人员暴露指数累计值；

$\quad\quad n$——单元内风险点数。

第五节　风险动态调整指标方案

用现实风险动态修正指数实时修正单元初始高危安全风险（R_0）或风险点固有危险指数（h），主要包括高危风险监测特征指标（K_3）、安全生产基础管理动态指标（B_S）、特殊时期指标、高危风险物联网指标和自然环境等。后期，可根据区块链、大数据、人工智能等在安全生产中的运行，适时增加风险动态调控指标，使其更能准确反映对风险点风险的动态影响。

一、高危风险监测特征指标（K_3）

高危风险监测特征指标指与安全生产紧密相关的动态在线监测数据，如温度、压力、冷却水等。因此，高危风险监测特征指标（K_3）应适时对风险点固有风险指标进行动态调控。

用高危风险动态监测特征指标报警信号系数（K_3）修正风险点固有风险指数（h）。在线监测项目实时报警分一级报警（低报警）、二级报警（中报警）和三级报警（高报警）。当在线监测项目达到 3 项一级报警时，记为 1 项二级报警；当监测项目达到 2 项二级报警时，记为 1 项三级报警。由此，设定一、二、三级报警的权重分别为 1、3、6，归一化处理后的系数分别为 0.1、0.3、0.6，即报警信号修正系数公式描述为：

$$K_3 = 1 + 0.1a_1 + 0.3a_2 + 0.6a_3 \tag{3-7}$$

式中　K_3——高危风险监测特征指标；

a_1——黄色报警次数；

a_2——橙色报警次数；

a_3——红色报警次数。

二、安全生产基础管理动态指标（B_S）

安全生产基础管理动态指标应包括涉及目标职责、制度化管理、教育培训、现场管理、安全风险管控及隐患排查治理、应急管理、事故管理和持续改进等安全基础管理的方方面面，应从人、物、环境、管理、事故 5 个因素进行指标初筛。现阶段，大部门要素如教育培训、现场管理、应急管理等不能够由计算机系统及时自动钻取相关变化参数。还有，如目标职责、制度化管理等变化周期较长，不能够及时反映安全生产管理的动态，而隐患排查治理、事故指标这两项指标可以由系统自动钻取变化参数。因此，目前表征安全生产基础管理的动态指标应选取事故隐患、生产事故等指标。后期可根据实际情况，增加适应生产安全特点的其他特征指标，如：人的因素可包括职业技能等级、工龄、劳动强度等指标项；物的因素可包括设备功能完好率、设备检维修计划完成率、非计划检维修数量、设备超负荷运行等指标项；管理因素可包括专职安全管理人员占比、外用工流动率、外用工数量等指标项。采用《冶金等工贸行业企业安全生产预警系统技术标准（试行）》中预警模型方法来对指标进行数据量化，量化结果数值越大，表示危险程度越高，即安全程度越低；数值越小，表示危险程度越低，即安全程度越高。

1. 事故隐患指标

包含事故隐患评估（即事故隐患信息量化）、隐患等级、隐患整改情况等 3 项指标。

（1）事故隐患评估指标（I_1）

事故隐患评估是对事故隐患信息定量化的表示，对事故隐患一旦失控可能会造成的后果进行评估。不同后果的对应分值如表 3-14 所示。

表 3-14 事故隐患不同后果的对应分值（a_n）

序号（n）	可能会造成的后果（A_n）	对应分值（a_n）
1	死亡	1
2	重伤	0.5
3	轻伤	0.1

隐患数量影响事故隐患评估指标计算结果。明确企业基本隐患数量，即规定时间内发现的隐患平均数，通过基本隐患数量与实际隐患发现数量的比值来消除隐患对系统的影响。事故隐患评估指标 I，由式(3-8) 计算：

$$I_1 = \frac{A}{A_1 + A_2 + A_3}(A_1 a_1 + A_2 a_2 + A_3 a_3) \tag{3-8}$$

式中　I_1——事故隐患评估指标的计算结果；

　　　A_1——后果可能造成死亡的隐患对应的数量；

　　　A_2——后果可能造成重伤的隐患对应的数量；

　　　A_3——后果可能造成轻伤的隐患对应的数量；

　　　a_1——后果可能造成死亡的隐患对应的分值；

　　　a_2——后果可能造成重伤的隐患对应的分值；

　　　a_3——后果可能造成轻伤的隐患对应的分值；

　　　A——预警周期内基本隐患数量（可根据企业历史平均值确定）。

（2）隐患等级（I_2）

分为一般隐患和重大隐患。不同等级的隐患的对应分值如表 3-15 所示。

表 3-15　不同等级的隐患的对应分值（b_n）

序号(n)	隐患等级(B_n)	对应分值(b_n)
1	重大隐患	1
2	一般隐患	0.1

隐患等级（I_2）由式(3-9) 计算：

$$I_2 = B_1 b_1 + B_2 b_2 \tag{3-9}$$

式中　I_2——隐患等级的计算结果；

　　　B_1——重大隐患对应数量；

　　　B_2——一般隐患对应数量；

　　　b_1——重大隐患对应分值；

　　　b_2——一般隐患对应分值。

并且，$B_1 + B_2 = A_1 + A_2 + A_3$。

（3）隐患整改情况（I_3）

隐患整改率不同，对应分值如表 3-16 所示。

表 3-16 不同隐患整改率对应分值 (c_{n_1},c_{n_2})

序号(n)	隐患整改率(重大隐患、一般隐患)	对应分值(c_{n_1},c_{n_2})
1	等于 100%	0
2	大于或等于 80%,且小于 100%	5%
3	大于或等于 50%,且小于 80%	10%
4	大于或等于 30%,且小于 50%	20%
5	小于 30%	30%

隐患整改率（I_3）由式(3-10)计算：

$$I_3 = B_1 b_1 c_{n_1} + B_2 b_2 c_{n_2} \tag{3-10}$$

式中 I_3——隐患整改情况的计算结果；

c_{n_1}——重大隐患整改率对应的分值，n_1=1，2，3，4，5；

c_{n_2}——一般隐患整改率对应的分值，n_2=1，2，3，4，5。

（4）生产事故指标（I_4）

生产安全事故指标包含死亡、重伤、轻伤等人身伤害事故、生产设备事故及险肇（未遂）事故等若干指标项。

不同事故类型的对应分值如表 3-17 所示。

表 3-17 不同的生产事故指标对应分值 (d_n)

序号(n)	事故类型(D_n)	对应分值(d_n)
1	死亡	1.00
2	重伤	0.50
3	轻伤	0.10
4	生产设备事故	0.05
5	险肇（未遂）事故	0.01

生产安全事故指标（I_4）由式(3-11)计算：

$$I_4 = D_1 d_1 + D_2 d_2 + D_3 d_3 + D_4 d_4 + D_5 d_5 \tag{3-11}$$

式中 I_4——生产事故指标的计算结果；

D_1——当期死亡事故对应的人数；

D_2——当期重伤事故对应的人数；

D_3——当期轻伤事故对应的人数；

D_4——当期生产设备事故起数；

D_5——当期险肇（未遂）事故起数；

d_1——死亡事故对应的分值；

d_2——重伤事故对应的分值；

d_3——轻伤事故对应的分值；

d_4——生产设备事故对应的分值；

d_5——险肇（未遂）事故对应的分值。

2. 指标权重确定

根据历史安全数据、事故情况等，各指标在安全生产基础管理动态指标体系中的相对重要程度，确定各指标对 B_S 的权重赋值。具体各指标权重值见表3-18。

表3-18　各指标对应权重值（W_n）

序号(n)	安全生产基础管理指标类型（I_n）		对应分值（W_n）
1	事故隐患指标	事故隐患评估（I_1）	0.15
2		隐患等级（I_2）	0.15
3		隐患整改情况（I_3）	0.20
4	生产事故指标	生产事故指标（I_4）	0.50

3. 安全生产基础管理动态指标（B_S）

通过指标量化值及其指标权重，建立数学模型，得出安全生产基础管理动态指标（B_S）值，表征当前安全生产基础管理状态的数值。安全生产基础管理动态指标（B_S）对安全生产基础管理指标产生正向或负向的影响。即有利于事故预防、安全管理的指标项在公式中属于负向的系数，不利于事故预防、安全管理的指标项在公式中属于正向的系数。

安全生产基础管理动态指标（B_S）由式（3-12）计算：

$$B_S = I_1 W_1 + I_2 W_2 + I_3 W_3 + I_4 W_4 \tag{3-12}$$

式中　B_S——安全生产基础管理动态指标数值；

W_n——各指标所对应的权重，$n=1$，2，3，4。

三、特殊时期指标修正

特殊时期指标指法定节假日、国家或地方重要活动等时期。此时对初始的单元现实风险（R）提一档。

四、高危风险物联网指标修正

高危风险物联网指标指近期单元发生生产事故及国内外发生的典型同类事故。此时对初始的单元现实风险提一档。

五、自然环境指标修正

自然环境指区域内发生的气象、地震、地质等灾害。此时，对初始的单元现实风险（R）提一档。

第六节 单元现实风险评估模型

一、风险点固有风险指标动态修正

高危风险动态监测特征指标报警信号修正系数（K_3）对风险点固有风险指标进行动态修正，修正值由式(3-13)计算：

$$h' = hK_3 \tag{3-13}$$

式中 h'——单元风险点固有风险指标动态修正值；

h——风险点固有危险指数；

K_3——高危风险动态监测特征指标报警信号修正系数。

二、单元固有危险指数动态修正值（H'）

单元区域内存在若干各风险点，根据安全控制论原理，单元固有危险指数动态修正值（H'）为若干风险点固有风险指标动态修正值（h'）与场所人员暴露指数加权累计值。H'由式(3-14)计算：

$$H' = \sum_{i=1}^{n} h'_i (E_i/F) \tag{3-14}$$

式中　h'_i——单元内第 i 个风险点固有风险指标动态修正值；

　　　E_i——单元内第 i 个风险点场所人员暴露指数；

　　　F——单元内各风险点场所人员暴露指数累计值；

　　　n——单元内风险点数。

三、单元风险频率指标（"1"）

目前，冶金等工贸行业安全生产标准化评定标准的总分虽然不一样，但是最终标准化得分均换算成百分制，因此可采用单元安全生产标准化最终标准化得分的办法来衡量单元固有风险初始引发事故的概率。单元初始高危风险管控频率指标用企业安全生产管控标准化程度来衡量，即采用以单元安全生产标准化得分的倒数作为单元高危风险管控频率指标。最终标准化得分高，单元风险频率指标值小，代表单元固有风险初始引发事故的概率小；相反，则单元固有风险初始引发事故的概率大。计量单元初始高危风险管控频率用式（3-15）计算：

$$G = 100/v \tag{3-15}$$

式中　G——单元高危风险管控频率指数；

　　　v——安全生产标准化自评/评审分值。

四、单元初始高危安全风险（R_0）

将单元高危风险管控频率指数值（G）与单元固有风险指数聚合，见式（3-16）：

$$R_0 = GH' \tag{3-16}$$

式中　R_0——单元初始安全风险值；

　　　G——单元高危风险管控频率指数；

　　　H'——单元固有风险指数动态修正值。

五、单元现实风险（R_N）

单元现实风险（R_N）为现实风险动态修正指数对单元初始高危安全风险（R_0）进行修正的结果。安全生产基础管理动态指标（B_S）对单元初始高危安全风险值（R_0）进行修正。特殊时期指标、高危风险物联网指标和自然环境指标对单元风险等级进行调档。

单元现实风险（R_N）用式（3-17）计算：

$$R_N = R_0 B_S \qquad (3-17)$$

式中 R_N——单元现实风险；

R_0——单元初始高危安全风险值；

B_S——安全生产基础管理动态指标。

六、单元现实风险（R_N）计算模型

单元现实风险（R_N）由单元安全生产基础管理、安全生产标准化和单元内各风险点的高风险设备、工艺、物质、场所、作业以及监测监控指标报警等因素综合影响而形成的。金属冶炼行业单元"五高"现实风险评估模型为：

$$R_N = \frac{100B_S}{v} \sum_{i=1}^{n} \left[h_{si} ME(1+l_i)(1+0.05t_i)K_{3i}(E_i/F) \right] \qquad (3-18)$$

式中 R_N——单元现实风险；

B_S——安全生产基础管理动态指标；

v——安全生产标准化自评/评审分值；

h_{si}——单元内第 i 个风险点的高风险设备指数；

M——物质危险系数；

E——场所人员暴露指数；

l_i——单元内第 i 个风险点监测监控设施失效率的平均值；

t_i——单元内第 i 个风险点涉及高风险作业种类数；

K_{3i}——单元内第 i 个风险点高危风险动态监测特征指标报警信号修正系数；

E_i——单元内第 i 个风险点场所人员暴露指数；

F——单元内各风险点场所人员暴露指数累计值；

n——单元内风险点数。

七、单元风险分级标准

通过将单元现实风险计算模型在冶金、有色、机械等行业的试算应用，根据《国务院安委会办公室关于印发标本兼治遏制重特大事故工作指南的通知》（安委办〔2016〕3号）和《国务院安委会办公室关于实施遏制重特大事故工

作指南构建双重预防机制的意见》（安委办〔2016〕11 号）等文件的要求，将单元的现实风险划分为四级，即 Ⅰ 级、Ⅱ 级、Ⅲ 级、Ⅳ 级，采用"红""橙""黄""蓝"四色作为风险预警级别。金属冶炼行业"五高"风险等级划分见表3-19。

表 3-19　金属冶炼行业"五高"风险等级划分标准

单元现实风险（R_N）	预警信号	风险等级符号
$R_N \geqslant 85$	红	Ⅰ 级
$85 > R_N \geqslant 50$	橙	Ⅱ 级
$50 > R_N \geqslant 30$	黄	Ⅲ 级
$30 > R_N$	蓝	Ⅳ 级

第七节　企业整体风险

在工业企业动态安全评价模型中，采用系统安全风险水平来衡量企业某一时期整体的安全风险。系统安全风险水平随系统风险状态的变化而变化，其变化的内生动力是系统中风险与控制二者矛盾的斗争，即安全风险管控效力。因此，某一时间段系统安全风险水平是上一时间段系统风险管控效力之和，这种方法需要定期对班组、车间和公司三级管控能力进行考评以及给定千人负伤率，虽然既能反映风险单元的安全风险水平，又能动态反映企业或系统动态风险水平，但是不便于在计算机系统中实现。本书采用了三种企业整体风险的计量方法。

1. 2019-nCoV 分区、分级防控的分级方法

我国针对 2019-nCoV 分区、分级防控的分级方法，综合考虑新增和累计确诊病例数等因素，以县、市、区为单位，划分为低风险区、中风险区、高风险区，风险等级每 7 天调整一次，划分标准如下。

① 高风险地区：累计病例超过 50 例，14 天内有聚集性疫情发生。

② 中风险地：14 天内有新增确诊病例，累计确诊病例不超过 50 例，或累计确诊病例超过 50 例，14 天内未发生聚集性疫情。

③ 低风险地区：无确诊病例或连续 14 天无新增确诊病例。

依据 2019-nCoV 风险分级方法，提出了以单元内最高风险等级风险点为单元整体风险，单元整体风险级别划分标准见表 3-20。

表 3-20　企业风险等级划分标准

预警信号	风险等级符号	划分标准
红	Ⅰ级	企业内出现 1 个及以上单元现实风险(R_N)级别为Ⅰ级。
橙	Ⅱ级	企业内出现 1 家及以上单元现实风险(R_N)级别为Ⅱ级，且无Ⅰ级风险单元。
黄	Ⅲ级	企业内出现 1 家及以上单元现实风险(R_N)级别为Ⅲ级，且无Ⅰ级、Ⅱ级风险单元。
蓝	Ⅳ级	企业内出现 1 家及以上单元现实风险(R_N)级别为Ⅳ级，且无Ⅰ、Ⅱ级、Ⅲ级风险单元。

2. 内梅罗指数法

为了方便表征企业整体风险，笔者采用兼顾极值或称突出最大值的计权型多因子环境质量指数的方法来计算企业的整体风险。

内梅罗指数法的优点是数学过程简捷、运算方便、物理概念清晰等，并且该法特别考虑了最严重的因子影响，内梅罗指数法在加权过程中避免了权系数中主观因素的影响。因此，对于一个企业，只需计算出它的整体综合风险指数，再对照表 3-19 的分级标准，便可知道该企业整体综合风险等级。

根据各单元现实风险（R_{Ni}），从中找出最大风险值 max（R_{Ni}）和平均值 ave（R_{Ni}）。按照内梅罗指数的基本计算公式，企业整体综合风险用式（3-19）计算：

$$R = \sqrt{\frac{\max(R_{Ni})^2 + \mathrm{ave}(R_{Ni})^2}{2}} \tag{3-19}$$

式中　max(R_{Ni})——企业各单元现实风险值中最大者；

ave(R_{Ni})——企业各单元现实风险值的平均值。

3. 短板理论

短板理论又称"木桶原理"或"水桶效应"。该原理由美国管理学家彼得提出：盛水的木桶是由许多块木板箍成的，盛水量也是由这些木板共同决定的。若其中一块木板很短，则盛水量就被短板所限制。这块短板就成了木桶盛水量的"限制因素"（或称"短板效应"）。若要使木桶盛水量增加，只有换掉短板或将短板加长才成。

在安全风险管控中也是一样的，一个企业的总体风险也是由其各单元现实风险值中最大者 $\max(R_{Ni})$ 起决定性作用，对 $\max(R_{Ni})$ 的管控则是企业风险管控的首要任务，企业整体风险（R）由企业内单元现实风险最大值 $\max(R_{Ni})$ 确定，即用式（3-20）计算：

$$R = \max(R_{Ni}) \tag{3-20}$$

企业整体风险等级按照表 3-19 的标准进行风险等级划分。

通过对三种企业整体风险计量方法的综合考虑，笔者认为企业的整体风险由各单元中现实风险最大值 $\max(R_{Ni})$ 确定，因此笔者确定采用"短板理论"的原理来确定企业的整体风险。

第八节　区域风险

为了便于风险分级标准统一化，区域风险值同样采用内梅罗指数法计算。

一、县（区）级风险

根据各企业整体综合风险（R_i），从中找出最大风险值 $\max(R_i)$ 和平均值 $\mathrm{ave}(R_i)$，按内梅罗指数的基本计算公式，县（区）级风险（R_C）用式（3-21）计算：

$$R_C = \sqrt{\frac{\max(R_i)^2 + \mathrm{ave}(R_i)^2}{2}} \tag{3-21}$$

式中　$\max(R_i)$——区域内企业整体风险值中最大者；

$\mathrm{ave}(R_i)$——区域内企业整体风险值的平均值。

县（区）级风险等级按照表 3-19 的标准进行风险等级划分。

二、市级风险

根据各县（区）级风险（R_C），从中找出最大风险值 $\max(R_{Ci})$ 和平均值 $\mathrm{ave}(R_{Ci})$，按照内梅罗指数的基本计算公式，市级风险（R_M）用式（3-22）计算：

$$R_M = \sqrt{\frac{\max(R_{Ci})^2 + \mathrm{ave}(R_{Ci})^2}{2}} \qquad (3\text{-}22)$$

式中 $\max(R_{Ci})$——区域内企业整体风险值中最大者；

       $\mathrm{ave}(R_{Ci})$——区域内企业整体风险值的平均值。

市级风险（R_M）等级按照表 3-19 的标准进行风险等级划分。

参考文献

[1] 吴宗之，高进东，魏利军. 危险评价方法及其应用[M]. 北京：冶金工业出版社，2001.

[2] 罗聪，徐克，刘潜，赵云胜. 安全风险分级管控相关概念辨析[J]. 中国安全科学学报，2019，29(10)：43-50.

[3] 王先华. 钢铁企业重大风险辨识评估技术与管控体系研究[A]. 中国金属学会冶金安全与健康分会. 2019年中国金属学会冶金安全与健康年会论文集[C]. 中国金属学会冶金安全与健康分会；中国金属学会，2019：11-13.

[4] 徐克，陈先锋. 基于重特大事故预防的"五高"风险管控体系[J]. 武汉理工大学学报（信息与管理工程版），2017，39(6)：649-653.

[5] 杨涛，许亚平. 重特大事故风险评价模型的研究[J]. 中国矿业，2013，22(7)：18-21.

第四章

风险评估模型应用分析

　　根据冶金企业调研的有关技术资料和现场调查、类比分析结果，在辨识分析的基础上对风险点风险严重度（固有风险）评估。以××钢铁有限公司为例，使用该评估模型进行应用，以验证该评估模型的可行性。

第一节　应用对象风险辨识

一、单元安全风险辨识

　　集合典型冶金企业辨识和事故案例辨析结果，参照法律法规及行业标准等，结合所划分单元，根据危险部位及可能的作业活动，从事故危害大的熔融金属和煤气两个角度辨识了××钢铁有限公司潜在的风险模式，并提出与风险模式相对应的管控对策[1]。

　　此外，按照隐患排查内容、要求查找隐患，并对可能出现的违章违规行为、状态，利用在线监测监控系统获取违章证据，最终形成安全风险与隐患违章信息表[2]。

二、"五高"风险指标

　　为突出××钢铁有限公司安全风险重点区域、关键岗位和危险场所，依据前述辨识与评估方法，将该钢厂相对风险较大的炼钢和炼铁两个单元单独提出，进行风险分析评估。

　　在风险单元区域内，以可能诱发的本单元重特大事故点作为风险点。基于单元事故风险点，分析事故致因机理，评估事故严重后果，并从高风险物品、高风险工艺、高风险设备、高风险场所、高风险作业等五高风险中辨识高危风险因子[3]。

1. 炼铁单元

（1）炼铁单元"五高"固有风险指标

炼铁单元"五高"固有风险指标见表 4-1。

表 4-1　炼铁单元"五高"固有风险指标

典型事故风险点	风险因子	要素	指标描述	特征值	
高炉坍塌事故风险点	高风险设备	高炉本体	本质安全化水平	危险隔离（替代）	
				故障安全	失误安全
					失误风险
				故障风险	失误安全
					失误风险
	高风险工艺	软水密闭循环系统	监测监控设施完好水平	冷却壁系统水量监测	失效率
				炉底系统水量监测	失效率
		高炉系统		炉身冷却壁温度监测	失效率
				炉腰冷却壁温度监测	失效率
				炉腹冷却壁温度监测	失效率
				炉缸内衬温度监测	失效率
				炉基温度监测	失效率
				视频监控	失效率
	高风险场所	高炉区域	人员风险暴露	"人员风险暴露"根据事故风险模拟计算结果，暴露在事故影响范围内的所有人员（包含作业人员及周边可能存在的人员）	
	高风险物品	铁水	物质危险性	铁水危险物质特性指数	
		高温炉料		高温炉料危险物质特性指数	
	高风险作业	危险作业	高风险作业种类数	高炉分配器排枪堵塞作业数量	
		特种设备操作		电梯作业	
				起重机械作业	
				场（厂）内专用机动车辆作业	
				金属焊接操作	
		特种作业		电工作业	
				高处作业	

续表

典型事故风险点	风险因子	要素	指标描述	特征值	
熔融金属事故风险点	高风险设备	冶金起重机械	本质安全化水平	危险隔离（替代）	
				故障安全	失误安全
					失误风险
				故障风险	失误安全
					失误风险
		盛装铁水与液渣的罐（包、盆）等容器		危险隔离（替代）	
				故障安全	失误安全
					失误风险
				故障风险	失误安全
					失误风险
	高风险工艺	冶金起重机械安全装置	监测监控设施完好水平	制动器	失效率
				驱动装置	失效率
				上升极限保护	失效率
				起重量限制器	失效率
				超速保护	失效率
				失电保护	失效率
				视频监控	失效率
	高风险场所	渣、铁罐准备区	人员风险暴露	"人员风险暴露"根据事故风险模拟计算结果，暴露在事故影响范围内的所有人员（包含作业人员及周边可能存在的人员）	
		其高温熔融金属影响区域			
	高风险物品	铁水	物质危险性	铁水危险物质特性指数	
		熔渣		熔渣危险物质特性指数	
	高风险作业	危险作业	高风险作业种类数	高炉分配器排枪堵塞作业	
		特种设备操作		起重机械作业	
				场（厂）内专用机动车辆作业	
				金属焊接操作	
		特种作业		电工作业	
煤气事故风险点	高风险设备	高炉本体	本质安全化水平	危险隔离（替代）	
				故障安全	失误安全
					失误风险

续表

典型事故风险点	风险因子	要素	指标描述	特征值	
煤气事故风险点	高风险设备	高炉本体	本质安全化水平	故障风险	失误安全
					失误风险
		热风炉		危险隔离(替代)	
				故障安全	失误安全
					失误风险
				故障风险	失误安全
					失误风险
		制粉烟气炉		危险隔离(替代)	
				故障安全	失误安全
					失误风险
				故障风险	失误安全
					失误风险
		高炉煤气清洗系统		危险隔离(替代)	
				故障安全	失误安全
					失误风险
				故障风险	失误安全
					失误风险
		高炉煤气余压透平发电装置(TRT)		危险隔离(替代)	
				故障安全	失误安全
					失误风险
				故障风险	失误安全
					失误风险
	高风险工艺	软水密闭循环系统	监测监控设施完好水平	冷却壁系统水量监测	失效率
				炉底系统水量监测	失效率
		高炉系统		炉身冷却壁温度监测	失效率
				炉腰冷却壁温度监测	失效率
				炉腹冷却壁温度监测	失效率
				炉缸内衬温度监测	失效率
				炉基温度监测	失效率
				风口平台区域 CO 含量监测	失效率

续表

典型事故风险点	风险因子	要素	指标描述	特征值	
煤气事故风险点	高风险工艺	热风炉	监测监控设施完好水平	热风炉区域CO含量监测	失效率
		制粉烟气炉		喷吹区域CO含量报警监测	失效率
				制粉区域CO含量报警监测	失效率
		高炉煤气清洗系统		煤气管道稳压放散管燃烧放散探测监测	失效率
				生产过程安全联锁、报警监测	失效率
				高炉煤气清洗系统区域CO含量监测	失效率
		高炉煤气余压透平发电装置（TRT）		TRT区域CO含量报警监测	失效率
		视频监控系统		视频监控	失效率
	高风险场所	高炉区域	人员风险暴露	"人员风险暴露"根据事故风险模拟计算结果，暴露在事故影响范围内的所有人员（包含作业人员及周边可能存在的人员）	
		热风炉区域			
		其他煤气影响区域			
	高风险物品	煤气（荒煤气、高炉煤气）	物质危险性	煤气危险物质特性指数	
	高风险作业	危险作业	高风险作业种类数	危险区域动火作业	
				有限空间作业	
		特种设备操作		压力管道作业	
				金属焊接操作	
				电工作业	
		特种作业		焊接与热切割作业	
				煤气作业	
粉爆事故风险点	高风险设备	制粉和喷吹设施	本质安全化水平	危险隔离（替代）	
				故障安全	失误安全
					失误风险
				故障风险	失误安全
					失误风险
	高风险工艺	制粉和喷吹设施	监测监控设施完好水平	制粉布袋内部温度监测	失效率
				粉仓上下部温度监测	失效率
				磨机入口氧含量监测	失效率
				制粉布袋出口氧含量监测	失效率
				视频监控	失效率

续表

典型事故风险点	风险因子	要素	指标描述	特征值
粉爆事故风险点	高风险场所	煤粉喷吹区域	人员风险暴露	"人员风险暴露"根据事故风险模拟计算结果,暴露在事故影响范围内的所有人员(包含作业人员及周边可能存在的人员)
		制粉区域		
		储存区域		
	高风险物品	煤粉	物质危险性	煤粉危险物质特性指数
	高风险作业	危险作业	高风险作业种类数	危险区域动火作业
		特种设备操作		起重机械作业
				金属焊接操作
		特种作业		电工作业
				焊接与热切割作业
				高处作业

（2）炼铁单元"五高"动态风险指标

如表 4-2 所示。

表 4-2　炼铁单元"五高"动态风险指标

典型事故风险点	风险因子	要素	指标描述	特征值
高炉坍塌事故风险点	高危风险监测监控特征指标	软水密闭循环系统	监测监控系统报警、预警情况	冷却壁系统水量监测 报警值及报警频率
				炉底系统水量监测 报警值及报警频率
		高炉系统		炉身冷却壁温度监测 报警值及报警频率
				炉腰冷却壁温度监测 报警值及报警频率
				炉腹冷却壁温度监测 报警值及报警频率
				炉缸内衬温度监测 报警值及报警频率
				炉基温度监测 报警值及报警频率
				视频监控 报警值及报警频率
	安全生产基础管理动态指标	安全生产管理体系	安全保障(制度、人员、机构、教育培训、应急、隐患排查、风险管理、事故管理)	《冶金等工贸行业企业安全生产预警系统技术标准(试行)》
	特殊时期指标	国家或地方重要活动		
		法定节假日		
		相关重特大事故发生后一段时间内		

续表

典型事故风险点	风险因子	要素	指标描述	特征值	
高炉坍塌事故风险点	高危风险物联网指标	外部因素	国内外实时典型案例		
		内部因素	单元内各类高危风险物联网指标状态	实时在线监测	
				定位追溯	
				报警联动	
				调度指挥	
				预案管理	
				远程控制	
				安全防范	
				远程维保	
				在线升级	
				统计报表	
				决策支持	
				领导桌面	
				其他	
	自然环境	气象灾害	暴雨、暴雪	降水量(气象部门预警级别)	
		地震灾害	地震	监测	
		地质灾害	如崩塌、滑坡、泥石流、地裂缝等		
		海洋灾害	—		
		生物灾害	—		
		森林草原灾害	—		
熔融金属事故风险点	高危风险监测监控特征指标	冶金起重机械安全装置	监测监控系统报警、预警情况	制动器	报警值及报警频率
				驱动装置	报警值及报警频率
				上升极限保护	报警值及报警频率
				起重量限制器	报警值及报警频率
				超速保护	报警值及报警频率
				失电保护	报警值及报警频率
				视频监控	报警值及报警频率
	安全生产基础管理动态指标	安全生产管理体系	安全保障(制度、人员、机构、教育培训、应急、隐患排查、风险管理、事故管理)	《冶金等工贸行业企业安全生产预警系统技术标准(试行)》	

续表

典型事故风险点	风险因子	要素	指标描述	特征值	
熔融金属事故风险点	特殊时期指标	国家或地方重要活动			
		法定节假日			
		相关重特大事故发生后一段时间内			
	高危风险物联网指标	外部因素	国内外实时典型案例		
		内部因素	单元内各类高危风险物联网指标状态	实时在线监测	
				定位追溯	
				报警联动	
				调度指挥	
				预案管理	
				远程控制	
				安全防范	
				远程维保	
				在线升级	
				统计报表	
				决策支持	
				领导桌面	
				其他	
	自然环境	气象灾害	暴雨、暴雪	降水量(气象部门预警级别)	
		地震灾害	地震	监测	
		地质灾害	如崩塌、滑坡、泥石流、地裂缝等		
		海洋灾害	—		
		生物灾害	—		
		森林草原灾害	—		
煤气事故风险点	高危风险监测监控特征指标	软水密闭循环系统	监测监控系统报警、预警情况	冷却壁系统水量监测	报警值及报警频率
				炉底系统水量监测	报警值及报警频率
		高炉系统		炉身冷却壁温度监测	报警值及报警频率
				炉腰冷却壁温度监测	报警值及报警频率
				炉腹冷却壁温度监测	报警值及报警频率
				炉缸内衬温度监测	报警值及报警频率
				炉基温度监测	报警值及报警频率
				风口平台区域CO含量监测	报警值及报警频率

续表

典型事故风险点	风险因子	要素	指标描述	特征值	
煤气事故风险点	高危风险监测监控特征指标	热风炉	监测监控系统报警、预警情况	热风炉区域 CO 含量监测	报警值及报警频率
		制粉烟气炉		喷吹区域 CO 含量报警监测	报警值及报警频率
				制粉区域 CO 含量报警监测	报警值及报警频率
		高炉煤气清洗系统		煤气管道稳压放散管燃烧放散探测监测	报警值及报警频率
				生产过程安全连锁、报警监测	报警值及报警频率
				高炉煤气清洗系统区域 CO 含量监测	报警值及报警频率
		高炉煤气余压透平发电装置(TRT)		TRT 区域 CO 含量报警监测	报警值及报警频率
		视频监控系统		视频监控	报警值及报警频率
	安全生产基础管理动态指标	安全生产管理体系	安全保障(制度、人员、机构、教育培训、应急、隐患排查、风险管理、事故管理)	《冶金等工贸行业企业安全生产预警系统技术标准(试行)》	
	特殊时期指标	国家或地方重要活动			
		法定节假日			
		相关重特大事故发生后一段时间内			
	高危风险物联网指标	外部因素	国内外实时典型案例		
		内部因素	单元内各类高危风险物联网指标状态	实时在线监测	
				定位追溯	
				报警联动	
				调度指挥	
				预案管理	
				远程控制	
				安全防范	
				远程维保	
				在线升级	
				统计报表	
				决策支持	
				领导桌面	
				其他	

续表

典型事故风险点	风险因子	要素	指标描述	特征值	
煤气事故风险点	自然环境	气象灾害	暴雨、暴雪	降水量（气象部门预警级别）	
		地震灾害	地震	监测	
		地质灾害	如崩塌、滑坡、泥石流、地裂缝等		
		海洋灾害	——		
		生物灾害	——		
		森林草原灾害			
粉爆事故风险点	高危风险监测监控特征指标	制粉和喷吹设施	监测监控系统报警、预警情况	制粉布袋内部温度监测	报警值及报警频率
				粉仓上下部温度监测	报警值及报警频率
				磨机入口氧含量监测	报警值及报警频率
				制粉布袋出口氧含量监测	报警值及报警频率
				视频监控	报警值及报警频率
	安全生产基础管理动态指标	安全生产管理体系	安全保障（制度、人员、机构、教育培训、应急、隐患排查、风险管理、事故管理）	《冶金等工贸行业企业安全生产预警系统技术标准（试行）》	
	特殊时期指标	国家或地方重要活动			
		法定节假日			
		相关重特大事故发生后一段时间内			
	高危风险物联网指标	外部因素	国内外实时典型案例		
		内部因素	单元内各类高危风险物联网指标状态	实时在线监测	
				定位追溯	
				报警联动	
				调度指挥	
				预案管理	
				远程控制	
				安全防范	
				远程维保	
				在线升级	
				统计报表	
				决策支持	
				领导桌面	
				其他	

续表

典型事故风险点	风险因子	要素	指标描述	特征值
粉爆事故风险点	自然环境	气象灾害	暴雨、暴雪	降水量（气象部门预警级别）
		地震灾害	地震	监测
		地质灾害	如崩塌、滑坡、泥石流、地裂缝等	
		海洋灾害	——	
		生物灾害	——	
		森林草原灾害		

2. 炼钢单元

（1）炼钢单元"五高"固有风险指标

如表 4-3 所示。

表 4-3 炼钢单元"五高"固有风险指标

典型事故风险点	风险因子	要素	指标描述	特征值	
熔融金属事故风险点	高风险设备	转炉本体	本质安全化水平	危险隔离（替代）	
				故障安全	失误安全
					失误风险
				故障风险	失误安全
					失误风险
		冶金起重机械		危险隔离（替代）	
				故障安全	失误安全
					失误风险
				故障风险	失误安全
					失误风险
		LF 钢包精炼炉		危险隔离（替代）	
				故障安全	失误安全
					失误风险
				故障风险	失误安全
					失误风险

续表

典型事故风险点	风险因子	要素	指标描述	特征值	
熔融金属事故风险点	高风险设备	RH真空脱气装置	本质安全化水平	危险隔离（替代）	
				故障安全	失误安全
					失误风险
				故障风险	失误安全
					失误风险
		连铸机		危险隔离（替代）	
				故障安全	失误安全
					失误风险
				故障风险	失误安全
					失误风险
		炼钢水处理设施系统（连铸）		危险隔离（替代）	
				故障安全	失误安全
					失误风险
				故障风险	失误安全
					失误风险
		铁水罐、钢水罐、中间包（罐）		危险隔离（替代）	
				故障安全	失误安全
					失误风险
				故障风险	失误安全
					失误风险
	高风险工艺	转炉系统	监测监控设施完好水平	氧枪冷却水供水流量监测	失效率
				氧枪冷却水排水流量监测	失效率
				氧枪冷却水排水温度监测	失效率
				氧枪卷扬张力检测与报警监测	失效率
				转炉冷却水供排水流量监测	失效率
				转炉冷却水供排水温度监测	失效率
				副枪进出水流量报警	失效率
				转炉倾动联锁控制	失效率
				氧枪升降联锁控制	失效率
				副枪升降联锁控制	失效率
				氧枪口、原料口冷却水的回水压力监测	失效率

续表

典型事故风险点	风险因子	要素	指标描述	特征值	
熔融金属事故风险点	高风险工艺	冶金起重机械	监测监控设施完好水平	制动器	失效率
				驱动装置	失效率
				上升极限保护	失效率
				起重量限制器	失效率
				超速保护	失效率
				失电保护	失效率
		LF钢包精炼炉系统		冷却水进流量报警	失效率
				冷却回水流量报警	失效率
				冷却回水温度报警	失效率
		RH真空脱气装置		设备冷却水的流量测量及报警	失效率
				设备冷却水的温度测量及报警	失效率
		连铸机系统		结晶器冷却事故水控制	失效率
				二次冷却事故水控制	失效率
				漏钢预报系统	失效率
				安全水塔液位报警	失效率
		视频监控系统		视频监控	失效率
	高风险场所	铁水罐、钢水罐、中间包(罐)烘烤区	人员风险暴露	"人员风险暴露"根据事故风险模拟计算结果,暴露在事故影响范围内的所有人员(包含作业人员及周边可能存在的人员)	
		铁水预处理区			
		转炉炼钢区			
		连铸区			
		高温熔融金属影响区域			
	高风险物品	铁水	物质危险性	铁水危险物质特性指数	
		钢水		钢水危险物质特性指数	
		熔渣		熔渣危险物质特性指数	
	高风险作业	危险作业	高风险作业种类数	转炉停炉、洗炉、开炉作业	
				处理铸机漏钢事故作业	
				转炉烟罩清渣作业	
				转炉烟罩焊补作业	
		特种设备操作		锅炉作业	
				压力容器作业	
				压力管道作业	
				电梯作业	
				起重机械作业	
				场(厂)内专用机动车辆作业	
				金属焊接操作	
		特种作业		焊接与热切割作业	
				高处作业	

续表

典型事故风险点	风险因子	要素	指标描述	特征值	
煤气事故风险点	高风险设备	转炉本体	本质安全化水平	危险隔离（替代）	
				故障安全	失误安全
					失误风险
				故障风险	失误安全
					失误风险
		煤气回收和风机房系统		危险隔离（替代）	
				故障安全	失误安全
					失误风险
				故障风险	失误安全
					失误风险
		RH真空脱气装置		危险隔离（替代）	
				故障安全	失误安全
					失误风险
				故障风险	失误安全
					失误风险
		中间包烘烤装置		危险隔离（替代）	
				故障安全	失误安全
					失误风险
				故障风险	失误安全
					失误风险
		钢包烘烤装置		危险隔离（替代）	
				故障安全	失误安全
					失误风险
				故障风险	失误安全
					失误风险
	高风险工艺	转炉系统	监测监控设施完好水平	转炉各层平台CO浓度监测	失效率
				转炉中控室区域CO浓度监测	失效率
		煤气回收和风机房系统		风机房CO浓度监测	失效率
				风机后煤气O_2含量报警	失效率
				转炉煤气水封液位指示、报警、联锁	失效率
				煤气放散点火监控	失效率
		RH真空脱气装置		区域CO浓度监测	失效率
		中间包烘烤装置		区域CO浓度报警	失效率
				烘烤装置熄火报警、联锁	失效率
		钢包烘烤装置		区域CO浓度报警	失效率
				烘烤装置熄火报警、联锁	失效率
		视频监控系统		视频监控	失效率

续表

典型事故风险点	风险因子	要素	指标描述	特征值
煤气事故风险点	高风险场所	转炉煤气风机房	人员风险暴露	"人员风险暴露"根据事故风险模拟计算结果，暴露在事故影响范围内的所有人员（包含作业人员及周边可能存在的人员）
		其他煤气影响区域		
	高风险物品	煤气（转炉煤气、焦炉煤气）	物质危险性	煤气危险物质特性指数
	高风险作业	危险作业	高风险作业种类数	OG（风机房）检修作业
				污水槽抽堵盲板作业
				煤气管道（冲洗、更换、停送）检修作业
				有限空间作业
				危险区域动火作业
				金属焊接操作
		特种设备操作人员		电工作业
				焊接与热切割作业
		特种作业人员		高处作业
				煤气作业

（2）炼钢单元"五高"动态风险指标

如表 4-4 所示。

表 4-4　炼钢单元"五高"动态风险指标

典型事故风险点	风险因子	要素	指标描述	特征值	
熔融金属事故风险点	高危风险监测监控特征指标	转炉系统	监测监控系统报警、预警情况	氧枪冷却水供水流量监测	报警值及报警频率
				氧枪冷却水排水流量监测	报警值及报警频率
				氧枪冷却水排水温度监测	报警值及报警频率
				氧枪卷扬张力检测与报警监测	报警值及报警频率
				转炉冷却水供排水流量监测	报警值及报警频率
				转炉冷却水供排水温度监测	报警值及报警频率

续表

典型事故风险点	风险因子	要素	指标描述	特征值	
熔融金属事故风险点	高危风险监测监控特征指标	转炉系统	监测监控系统报警、预警情况	副枪进出水流量报警	报警值及报警频率
				转炉倾动联锁控制	报警值及报警频率
				氧枪升降联锁控制	报警值及报警频率
				副枪升降联锁控制	报警值及报警频率
				氧枪口、原料口冷却水的回水压力监测	报警值及报警频率
		冶金起重机械		制动器	报警值及报警频率
				驱动装置	报警值及报警频率
				上升极限保护	报警值及报警频率
				起重量限制器	报警值及报警频率
				超速保护	报警值及报警频率
				失电保护	报警值及报警频率
		LF 钢包精炼炉系统		冷却水进流量报警	报警值及报警频率
				冷却回水流量报警	报警值及报警频率
				冷却回水温度报警	报警值及报警频率
		RH 真空脱气装置		设备冷却水的流量测量及报警	报警值及报警频率
				设备冷却水的温度测量及报警	报警值及报警频率
		连铸机系统		结晶器冷却事故水控制	报警值及报警频率
				二次冷却事故水控制	报警值及报警频率
				漏钢预报系统	报警值及报警频率
				安全水塔液位报警	报警值及报警频率
		视频监控系统		视频监控	报警值及报警频率
	安全生产基础管理动态指标	安全生产管理体系	安全保障(制度、人员、机构、教育培训、应急、隐患排查、风险管理、事故管理)	事故隐患等级/分档	

续表

典型事故风险点	风险因子	要素	指标描述	特征值	
	安全生产基础管理动态指标	现场管理	设备设施	事故隐患等级/分档	
			作业行为	事故隐患等级/分档	
	特殊时期指标	国家或地方重要活动			
		法定节假日			
		相关重特大事故发生后一段时间内			
熔融金属事故风险点	高危风险物联网指标	外部因素	国内外实时典型案例		
		内部因素	单元内各类高危风险物联网指标状态	实时在线监测	
				定位追溯	
				报警联动	
				调度指挥	
				预案管理	
				远程控制	
				安全防范	
				远程维保	
				在线升级	
				统计报表	
				决策支持	
				领导桌面	
				其他	
	自然环境	气象灾害	暴雨、暴雪	降水量(气象部门预警级别)	
		地震灾害	地震	监测	
		地质灾害	如崩塌、滑坡、泥石流、地裂缝等		
		海洋灾害	——		
		生物灾害	——		
		森林草原灾害	——		
煤气事故风险点	高危风险监控监测特征指标	转炉系统	监测监控设施完好水平	转炉各层平台CO浓度监测	报警值及报警频率
				转炉中控室区域CO浓度监测	报警值及报警频率

续表

典型事故风险点	风险因子	要素	指标描述	特征值	
煤气事故风险点	高危风险监测监控特征指标	煤气回收和风机房系统	监测监控设施完好水平	风机房 CO 浓度监测	报警值及报警频率
				风机后煤气中氧含量报警	报警值及报警频率
				转炉煤气水封液位指示、报警、联锁	报警值及报警频率
				煤气放散点火监控	报警值及报警频率
		RH 真空脱气装置中间包烘烤装置		区域 CO 浓度监测	报警值及报警频率
				区域 CO 浓度报警	报警值及报警频率
				烘烤装置熄火报警、联锁	报警值及报警频率
		钢包烘烤装置		区域 CO 浓度报警	报警值及报警频率
				烘烤装置熄火报警、联锁	报警值及报警频率
		视频监控系统		视频监控	报警值及报警频率
	安全生产基础管理动态指标	安全生产管理体系	安全保障(制度、人员、机构、教育培训、应急、隐患排查、风险管理、事故管理)	事故隐患等级/分档	
		现场管理	设备设施	事故隐患等级/分档	
			作业行为	事故隐患等级/分档	
	特殊时期指标	国家或地方重要活动			
		法定节假日			
		相关重特大事故发生后一段时间内			
	高危风险物联网指标	外部因素	国内外实时典型案例		
		内部因素	单元内各类高危风险物联网指标状态	实时在线监测	
				定位追溯	
				报警联动	
				调度指挥	
				预案管理	
				远程控制	
				安全防范	
				远程维保	
				在线升级	
				统计报表	
				决策支持	
				领导桌面	
				其他	

续表

典型事故风险点	风险因子	要素	指标描述	特征值
煤气事故风险点	自然环境	气象灾害	暴雨、暴雪	降水量（气象部门预警级别）
		地震灾害	地震	监测
		地质灾害	如崩塌、滑坡、泥石流、地裂缝等	
		海洋灾害	——	
		生物灾害	——	
		森林草原灾害	——	

第二节　"五高"重大风险评估模型应用

一、炼铁单元重大风险评估

1. 五高固有风险指标量化

依据第四章第一节炼铁单元"五高"风险指标的辨识与评估，将高炉坍塌事故、熔融金属事故、煤气事故、粉爆事故等4个风险点作为"五高"固有风险辨识与评估的重点。下面以××钢铁有限公司新1♯高炉作为测算对象，从"五高"角度对各风险点进行评估。

（1）高炉坍塌事故风险点

① 高风险设备设施——高炉本体。以新1♯高炉设备设施本质安全化水平作为赋值依据，表征高炉坍塌事故风险点生产设备设施防止事故发生的技术措施水平，按表4-5取值，取值范围1.1～1.7。

表4-5　风险点固有危险指数（高风险设备 h_s）

类型		取值
危险隔离（替代）		1.0
故障安全	失误安全	1.2
	失误风险	1.4

续表

类型		取值
故障风险	失误安全	1.3
	失误风险	1.7

新1♯高炉运行平稳，本质安全化水平较高，各项安全联锁正常投入使用，按"失误安全"赋值，取 $h_s=1.3$。

② 高风险工艺。高炉坍塌事故风险点高风险工艺有软水密闭循环系统和高炉系统两个。其中，软水密闭循环系统特征值取冷却壁系统水量监测失效率和炉底系统水量监测失效率；高炉系统特征值取炉身、炉腰、炉腹冷却壁温度监测失效率、炉基温度监测失效率、视频监控失效率等。由监测监控设施失效率修正系数 K_1 表征：$K_1=1+l$（l 为监测监控设施失效率的平均值）。

新1♯高炉工艺比较普遍，较为成熟，各项特征值失效率较低，取 $K_1=1.01$。

③ 高风险场所。高炉坍塌事故风险点高风险场所主要是高炉区域，以"人员风险暴露"作为特征值，即根据事故模拟计算结果，暴露在高炉坍塌事故影响范围内的所有人员（包含作业人员及周边可能存在的人员）。以风险点内暴露人数 p 来衡量，按表4-6取值，取值范围1～9。

表4-6　风险点暴露人员指数赋值表

暴露人数(p)	E 值
100 人以上	9
30～99 人	7
10～29 人	5
3～9 人	3
0～2 人	1

××钢铁有限公司炼铁厂在岗员工133人，新1♯高炉当班人数理应介于10～29人之间，取 $E=5$。

④ 高风险物品。高炉坍塌事故风险点高风险物品主要是铁水和高温炉料等高温熔融物。采用高风险物品的实际存在量与临界量的比值及对应物品的危险特性修正系数乘积的 m 值作为分级指标，根据分级结果确定 M 值。

风险点高风险物品 m 值的计算方法见式(4-1)：

$$m = \left(\beta_1 \frac{q_1}{Q_1} + \beta_2 \frac{q_2}{Q_2} + \cdots + \beta_n \frac{q_n}{Q_n} \right) \tag{4-1}$$

式中 q_1，q_2，$\cdots$，q_n——每种高风险物品实际存在（在线）量，t；

Q_1，Q_2，$\cdots$，Q_n——与各高风险物品相对应的临界量，t；

β_1，β_2，$\cdots$，β_n——与各高风险物品相对应的校正系数。

其中，高温熔融物临界量 Q 取150t，校正系数 β 取1，根据计算出来的 m 值，按表4-7确定金属冶炼行业风险点高风险物品的级别，确定相应的物质指数（M），取值范围1～9。

表 4-7 风险点高风险物品 m 值和物质指数（M）的对应关系

m 值	M 值
$m \geqslant 100$	9
$100 > m \geqslant 50$	7
$50 > m \geqslant 10$	5
$10 > m \geqslant 1$	3
$m < 1$	1

新 1♯ 高炉容积为 2600m³，按炉内铁水和高温炉料等高温熔融物以 3000t 左右估算，对应 $M = 5$。

⑤ 高风险作业。高炉坍塌事故风险点高风险作业主要有危险作业、特种设备操作、特种作业等，由危险性修正系数 K_2 表征：$K_2 = 1 + 0.05t$（t 为风险点涉及高风险作业种类数）。取 $K_2 = 1.15$。

⑥ 风险点典型事故风险的固有危险指数

风险点危险指数 h 用式（4-2）计算：

$$h = h_s MEK_1 K_2 \tag{4-2}$$

风险点危险指数为：$h_1 = 1.3 \times 5 \times 5 \times 1.01 \times 1.15 = 37.75$。

⑦ 风险点动态危险指数

风险点动态危险指数 h' 用式（4-3）计算：

$$h' = hK_3 \tag{4-3}$$

其中 K_3 为高危风险监测特征指标。用高危风险监测特征指标（K_3）修正风险点固有风险指数（h）。在线监测项目实时报警分一级报警（低报警）、二级报警（中报警）和三级报警（高报警）。当在线监测项目达到 3 项一级报警时，记为 1 项二级报警；当监测项目达到 2 项二级报警时，记为 1 项三级报警。由此，设定一、二、三级报警的权重分别为 1、3、6，归一化处理后的系数分别为 0.1、0.3、0.6，即报警信号修正系数用式（4-4）计算：

$$K_3 = 1 + 0.1a_1 + 0.3a_2 + 0.6a_3 \qquad (4\text{-}4)$$

式中　K_3——高危风险监测特征指标；

　　　a_1——黄色报警次数；

　　　a_2——橙色报警次数；

　　　a_3——红色报警次数。

现实报警次数为动态数据，暂时先以理想状况无监测报警的情况进行测算，取 $K_3 = 1$，即 $h_1' = h_1 \times 1 = 37.75$。

（2）熔融金属事故风险点

按以上高炉坍塌事故风险点固有危险指数测算过程，对熔融金属事故风险点的固有危险指数进行测算，结果如下：$h_2 = 1.4 \times 3 \times 3 \times 1.02 \times 1.15 = 14.8$。

以理想状况无监测报警的情况下，进行风险点动态危险指数测算，取 $K_3 = 1$，即 $h_2' = h_2 \times 1 = 14.8$。

（3）煤气事故风险点

按以上高炉坍塌事故风险点固有危险指数测算过程，对煤气事故风险点的固有危险指数进行测算，结果如下：$h_3 = 1.3 \times 1 \times 3 \times 1.01 \times 1.2 = 4.73$。

考虑到煤气报警器在实际生产中报警比较普遍，取低报 3 次，中报 1 次，高报 1 次，进行风险点动态危险指数测算，取 $K_3 = 2.2$，即 $h_3' = h_3 \times 2.2 = 10.41$。

（4）粉爆事故风险点

按以上高炉坍塌事故风险点固有危险指数测算过程，对粉爆事故风险点的固有危险指数进行测算，结果如下：$h_4 = 1.3 \times 5 \times 3 \times 1.01 \times 1.15 = 22.65$。

以理想状况无监测报警的情况下，进行风险点动态危险指数测算，取 $K_3 = 1$，即：$h_4' = h_4 \times 1 = 22.65$。

（5）炼铁单元固有危险指数

根据安全控制论原理，单元固有危险指数为若干风险点动态危险指数的场所人员暴露指数加权累计值 H'，用式（4-5）计算：

$$H' = \sum_{i=1}^{n} h_i' (E_i / F) \qquad (4\text{-}5)$$

式中　h'_i——单元内第 i 个风险点动态危险指数；

　　　E_i——单元内第 i 个风险点场所人员暴露指数；

　　　F——单元内各风险点场所人员暴露指数累计值；

　　　n——单元内风险点数。

炼铁单元区域内的 4 个风险点，$E_1=5$，$E_2=3$，$E_3=3$，$E_4=3$，$F=14$，故：$H'=37.75\times(5/14)+14.8\times(3/14)+10.41\times(3/14)+22.65\times(3/14)=23.73$。

2. 初始高危风险管控频率指标量化

单元初始高危风险管控频率指标用企业安全生产管控标准化程度来衡量，即采用单元安全生产标准化分数考核办法来衡量单元固有风险初始引发事故的概率。以单元安全生产标准化得分的倒数作为单元高危风险管控频率指标。则计量单元初始高危风险管控频率为：

$$G=100/v \tag{4-6}$$

式中　G——单元高危风险管控频率指数；

　　　v——安全生产标准化自评/评审分值。

××钢铁有限公司炼铁厂安全生产标准化达标等级为二级，暂定取值 75 分。计算出炼铁单元高危风险管控频率指数（G）为 1.33。

3. 单元初始高危安全风险评估

将单元高危风险管控频率指数（G）与固有风险指数聚合：

$$R_0=GH' \tag{4-7}$$

式中　R_0——单元初始安全风险值；

　　　G——单元高危风险管控频率指数；

　　　H'——单元固有危险指数值。

即××钢铁有限公司炼铁单元初始高危安全风险值 $R_0=1.33\times23.73=31.56$。

4. 单元现实高危安全风险评估

单元现实风险（R_N）为现实风险动态修正指数对单元初始高危安全风险（R_0）进行修正的结果。安全生产基础管理动态指标（B_S）对单元初始高危安全风险值（R_0）进行修正；特殊时期指标、高危风险物联网指标和自然环境指标对单元风险等级进行调档。

单元现实风险（R_N）为：

$$R_N = R_0 B_S \tag{4-8}$$

式中　R_N——单元现实风险；

　　　R_0——单元初始高危安全风险值；

　　　B_S——安全生产基础管理动态指标。

安全生产基础管理动态指标主要包括事故隐患评估（I_1）、隐患等级（I_2）、隐患整改情况（I_3）及生产事故指标（I_4）等4项指标。

$$B_S = I_1 W_1 + I_2 W_2 + I_3 W_3 + I_4 W_4 \tag{4-9}$$

参考××钢铁有限公司炼铁单元安全管理基本情况，测算其安全生产基础管理动态指标：$B_S = 0.15 \times 1 + 0.15 \times 2 + 0.20 \times 0 + 0.50 \times 0.45 = 0.675$。

即××钢铁有限公司炼铁单元现实高危安全风险值：$R_N = 31.56 \times 0.675 = 21.30$。

依据单元安全风险分级标准，××钢铁有限公司炼铁单元现实高危安全风险等级为Ⅳ级。

二、炼钢单元重大风险评估

依据第四章第一节炼钢单元"五高"风险指标的辨识与评估，将熔融金属事故、煤气事故等2个风险点作为"五高"固有风险辨识与评估的重点。下面以××钢铁有限公司130t1♯转炉作为测算对象，从"五高"角度对各风险点进行评估。

按以上炼铁单元重大风险评估的计算过程，对炼钢单元重大风险进行测算评估，结果如下：

$$H' = 8.34, G = 1.33, R_0 = 11.09, R_N = 18.32。$$

依据单元安全风险分级标准，××钢铁有限公司炼钢单元现实高危安全风险等级也为Ⅳ级。

三、应用对象整体风险

计算，××钢铁有限公司所有金属冶炼单元的 R_N 见表4-8。

表 4-8　××钢铁有限公司所有金属冶炼单元现实高危安全风险值 R_{Ni} 表

序号	单元	R_{Ni} 值
1	新 1♯ 高炉	21.30
2	新 2♯ 高炉	19.74
3	新区炼钢	18.32
4	老区炼钢	24.57

根据式(3-20)，××钢铁有限公司金属冶炼单元整体综合风险为：

$$R = \max(R_{Ni}) = 24.57$$

按照"表 3-19 金属冶炼行业"五高"风险等级划分标准"，××钢铁有限公司整体风险值为 24.57，整体风险等级即为 Ⅳ 级，预警信号为蓝色。

参考文献

[1] 王彪,刘见,徐厚友,等.工业企业动态安全风险评估模型在某炼钢厂安全风险管控中的应用[J].工业安全与环保,2020,46(4):11-16.

[2] 王先华.钢铁企业重大风险辨识评估技术与管控体系研究[A].中国金属学会冶金安全与健康分会.2019 年中国金属学会冶金安全与健康年会论文集[C].中国金属学会冶金安全与健康分会:中国金属学会,2019:11-13.

[3] 王先华,夏水国,王彪.企业重大风险辨识评估技术与管控体系研究[A].中国金属学会冶金安全与健康分会.2019 年中国金属学会冶金安全与健康年会论文集[C].中国金属学会冶金安全与健康分会:中国金属学会,2019:71-73.

第五章　风险分级管控

第一节 风险管控模式

一、基于风险评估技术的风险管控模式

以安全风险辨识清单和"五高"风险辨识评估模型为基础，全面辨识和评估企业安全风险，建立安全风险"PDCA"闭环管控模式，构建源头辨识、分类管控、过程控制、持续改进、全员参与的安全风险管控体系，如图 5-1 所示。

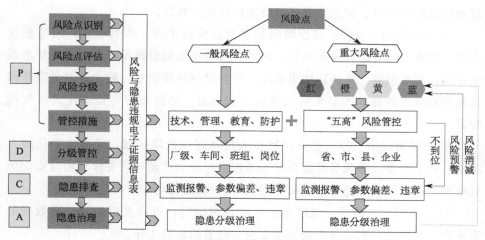

图 5-1 安全风险分级管控及隐患排查 PDCA 模式

1. 建立"PDCA"闭环管理

以风险预控为核心，以隐患排查为基础，以违章违规电子证据监管为手段，建立"PDCA"闭环管理运行模式，依靠科学的考核评价机制推动其有效运行，策划风险防控措施，实施跟踪反馈，持续更新风险动态和防控流程[1-2]。企业参照通用安全风险辨识清单，辨识出危险部位及关键岗位活动所涉及的潜在风险模式，做到危险场所全员（包括作业人员、下游危及范围人

员）知晓风险，采取与风险模式相对应的精准管控措施和隐患排查；监管部门实时获取企业"五高"现实风险动态变化，并参考违章、隐患判定方法以及远程监控手段，以现有技术进行电子违章证据获取和隐患感知，有针对性地开展监管和执法，推动企业对风险管控的持续改进。前者需要在监管部门引导下由企业落实主体责任，后者需要在企业落实主体责任的基础上督导、监管和执法。有效解决风险"认不清、想不到、管不到"等问题。

2. 企业管控风险因子

实施风险分类管控，特别是重大风险，重点关注高危工艺、设备、物品、场所和岗位等风险，突出重点场所、部位、作业、监测监控设施等危险性的管理。针对"五高"固有风险指标管控，企业应从以下方面管控五个风险因子：

① 高风险设备设施管控。企业对安全设施"三同时"管理，应严格按设计和安全规程，采取提高本质安全化的措施。设计、施工必须符合国家法律法规和标准规范要求。建立完善设备设施检修维护制度。

② 高风险物品管控。高温熔融物区域应保持干燥、严禁积水；避免敷设水管、能源介质管路；避免高炉、转炉、连铸等熔融金属设施自身的冷却水系统泄漏，其水温差、水压应加强监控，检修时避免残余水内漏。煤气危险区域及可能有煤气泄漏的人员常活动场所（值班室、休息室等）设固定式煤气报警器。

③ 高风险场所管控。企业应减少人员暴露在危险区域，采取自动化减人措施。对于检修、参观等可能积聚人员较多时段的活动，应安排在相对安全的区域和时段。加强高温熔融金属、煤气等的风险监测。

④ 高风险工艺管控。保障监控系统正常运行，提高关键监测动态数据的可靠性。出现故障时，应尽快完成安全在线监测恢复工作。

⑤ 高风险作业管控。关键岗位作业人员，要熟知关键部位和岗位所涉及的风险模式和管控措施，严格按操作规范进行作业。加强施工、检修、危险作业的管控。

3. 提高企业安全标准化管理水平

基于安全生产标准化要素，加强风险管控。建立隐患和违章智能识别系统，加强隐患排查和上报，特别是对重大隐患，及时对安全生产标准化分数扣减，准确反映企业的实时风险管控水平。

4. 强化风险动态管控

依据动态预警信息、基础动态管理信息、地质灾害、特殊时期等有关资料及时做出应对措施，降低动态风险。提高风险动态指标数据的实时性和有效性，避免数据失真。建立统一的关键动态监测指标预警标准。严格按照预警标准控制运行参数。建立基础信息定期更新制度，运行技术参数发生变化，企业应及时报送更新。构建大数据支撑平台，加强气象、地灾的信息联动；及时关注近期同类项目的事故信息，加强对类似风险模式的管控[3]。

5. 加强企业风险和隐患主动反馈与治理，落实安全生产主体责任，持续改进，主动采取措施降低风险

鉴于此，本书提出了应从通用风险清单辨识管控、重大风险管控、单元高危风险管控和动态风险管控四个方面实现金属冶炼行业风险分类管控，见图5-2所示。

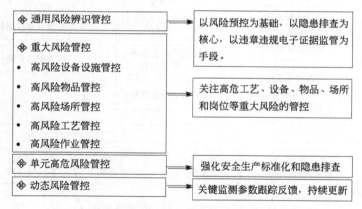

图5-2　基于风险评估技术的安全风险分类管控

二、风险一张图与智能监测系统

1. 风险一张图

为了更好地实现动态风险评估、摸清危险源本底数据、搞清危险源状况，本书提出安全风险"一张图"全域监管。宏观层面上，"一张图"全域监管是为危险源的形势分析、风险管控、隐患排查、辅助决策、交换共享和公共服务提供数据支撑所必需的政策法规、体制机制、技术标准和应用服务的总和；微观层面上，其基于地理信息框架，采用云技术、网络技术、无线通信等数据交

换手段，按照不同的监管、应用和服务要求将各类数据整合到统一的地图上，并与行政区划数据进行叠加，绘制省、市、县以及企业安全风险和重大事故隐患分布电子图，共同构建统一的综合监管平台，实现风险源的动态监管，是全面展示危险源现状的"电子挂图"。

安全风险"一张图"全域监管体系构成。"一张图"由"1个集成平台、2条数据主线、3个核心数据库"构成，详细架构见图5-3。"1个集成平台"即地理信息系统集成平台，归集、汇总、展示全域所有的企业安全生产信息、安

图 5-3 "一张图"全域监管体系总体架构

全政务信息、公共服务信息等；"2 条数据主线"，即基于地理信息数据的风险分级管控数据流和隐患排查治理数据流；"3 个核心数据库"，即安全管理基础数据库、安全监管监察数据库和公共服务数据库。

2. 智能监测系统

（1）数据标准体系建立

按照"业务导向、面向应用、易于扩展、实用性强、便于推行"的思路建立数据标准体系。参考现有标准制定数据标准，既可规范数据生产的质量，又可提高数据的规范性和标准性，从而奠定"一张图"建设的基础。

（2）有机数据体系建立

数据体系建设应包括全层次、全方位和全流程，从天地一体化数据采集与风险源的风险管控、隐患排查治理与安全执法所产生的两大数据主线入手，确保建立危险源全方位数据集，具体包括基础测绘地理信息数据、企业基本信息数据、风险源空间与属性信息数据、风险源生产运行安全关键控制参数、危险源周边环境智能化观测系统检测数据、监管监察业务数据、安全生产辅助决策数据和交换共享数据等。

（3）核心数据库建立

以"一数一源、一源多用"为主导，建立科学有效的"一张图"核心数据库，其实质是加强风险源的相关数据管理，规范数据生产、更新和利用工作，提高数据的应用水平，建立覆盖企业全生命周期的一体化数据管理体系。

（4）安全管理基础数据库

安全管理基础数据库是"一张图"全域监管核心数据库建立的空间定位基础，基础地理信息将管控目标在空间上统一起来。其主要包括企业基本信息子库和时空地理信息子库。企业基本信息子库包含企业基本情况、责任监管信息、标准化、行政许可文件、应急资源、生产事故等数据；时空地理信息子库包含基础地形数据、大地测量数据、行政区划数据、高分辨率对地观测数据、三维激光扫描等数据。

（5）安全监管监察数据库

安全监管监察数据库主要包括风险管控子库和隐患排查治理子库。风险分级管控子库包括风险源生产运行安全控制关键参数；统计分析时间序列关键参数，进行动态风险评估，为智能化决策提供数据支撑。隐患排查治理子库包括隐患排查、登记、评估、报告、监控、治理、销账等 7 个环节的记录信息，加强安全生产周期性、关联性等特征分析，做到来源可查、去向可追、责任可究、规律可循。

（6）共享与服务数据库

共享与服务数据库主要包括交换共享子库和公共服务子库。交换共享子库包括指标控制、协同办公、联合执法、事故调查、协同应急、诚信等数据；公共服务子库包括信息公开、信息查询、建言献策、警示教育、举报投诉、舆情监测预警发布、宣传培训、诚信信息等数据。

纵向横向整合资源，实现信息共享。在"一张图"里，包括主要风险源和防护目标，涵盖主要救援力量和保障力量。一旦发生灾害事故，点开这张图，1 分钟内可以查找出事故发生地周边有多少危险源、应急资源和防护目标，可以快速评估救援风险，快速调集救援保障力量投入到应急救援中去，让风险防范、救援指挥看得见、听得了、能指挥，为应急救援装上"智慧大脑"，实现科学、高效、协同、优化的智能应急。

根据应急响应等级，以事发地为中心，对周边应急物资、救援力量、重点保护设施及危险源等进行智能化精确分析研判，结合相应预案科学分类生成应急处置方案，系统化精细响应预警。同时对参与事件处置的相关人员、涉及避险转移相关场所人员，基于可视化精准指挥调度，实现高效快速处置突发事件。同时，基于"风险一张图"，可分区域分类别，快速评估救援能力，为准确评估区域、灾种救援能力、保障能力奠定了基础；另外，还实现了主要风险、主要救援力量、保障力量的一张图部署和数据的统一管理，解决了资源碎片化管理、风险单一化防范的问题，有效保障了数据的安全性。

第二节　政府监管

一、监管分级

根据风险分级模型计算得到的风险值，基于 ALARP 原则，对监管对象的风险进行分级，分别为：重大、较大、一般和低风险四级。结合科学、合理的"匹配监管原理"，即应以相应级别的风险对象实行相应级别的监管措施，如重大风险级别风险的监管对象实施高级别的监管措施，如此分级类推。见表 5-1。

表 5-1　风险分级与风险水平相应的匹配监管原理

监管等级 风险等级	风险状态/ 监管对策和措施	监管级别及状态			
		重大风险	较大风险	一般风险	低风险
Ⅰ级(重大风险)	不可接受风险;重大级别监管措施;一级预警;强力监管;全面检查;否决制等。	合理 可接受	不合理 不可接受	不合理 不可接受	不合理 不可接受
Ⅱ级(较大风险)	不期望风险;较大风险监管措施;二级预警;较强监管;高频率检查。	不合理 可接受	合理 可接受	不合理 不可接受	不合理 不可接受
Ⅲ级(一般风险)	有限接受风险;一般风险监管措施;三级预警;中监管;局部限制;有限检查、警告策略等。	不合理 可接受	不合理 可接受	合理 可接受	不合理 不可接受
Ⅳ级(低风险)	可接受风险;可忽略;四级预警;弱化监管;关注策略;随机检查等。	不合理 可接受	不合理 可接受	不合理 可接受	合理 可接受

ALARP 原则（As Low As Reasonably Practicable，最低合理可行原则）：任何对象、系统都是存在风险的，不可能通过采取预防措施、改善措施做到完全消除风险。而且，随着系统的风险水平的降低，要进一步降低风险的难度就越来越大，投入的成本往往呈指数曲线上升。根据安全经济学的理论，也可这样说，安全改进措施投资的边际效益递减，最终趋于零，甚至为负值。

如果风险等级落在了可接受标准的上限值与不可接受标准的下限值内，即所谓的"风险最低合理可行"区域内，依据"风险处在最合理状态"的原则，处在此范围内的风险可考虑采取适当的改进措施来降低风险。

各级安全监管部门应结合自身监管力量，针对不同风险级别的企业制定科学合理的执法检查计划，并在执法检查频次、执法检查重点等方面体现差异化，同时鼓励企业强化自我管理，提升自身安全管理水平，推动企业改善安全生产条件。企业应采取有效的风险控制措施，努力降低安全生产风险。企业可根据风险分级情况，调整管理决策思路，促进安全生产。

二、精准监管

基于智能监控系统的建设，可进一步完善风险信息化基础设施，为相关部门防范风险提供信息和技术支持。采用智能监控系统可以实现远程风险评估、远程处理监管、监督生产过程、日常隐患巡查等防控监管，有效提高工作效率，从而降低人力成本、时间成本，提高经济效益。根据风险评估分级、监测预警等级，各级应急管理部门分级负责预警监督、警示通报、现场核查、监督执法等工作，针对省、市、区县三级部门提出以下对策：

1. 区县级管理部门

① 督促企业结合安全管理组织体系，将各级安全管理人员的姓名、部门、职务、邮箱、手机和电话等信息录入在线安全监测系统平台。在线安全监测系统应按照管理权限将预警信息实时自动反馈给各级安全管理人员。

② 应定期检查隐患，并依据隐患违规电子取证输入系统，要监督企业对由在线监测监控智能识别出的隐患要及时进行处置；企业对隐患整改处理完成后，区县应急管理部门要对隐患整改情况进行核查，并清除安全风险计算模型中的相关隐患数据。当企业的监测监控系统出现失效问题时，要监督企业修复；支持对消防基础设施的数量、空间位置分布、实时状态等信息进行监测和可视化管理；并可集成各传感器监测数据，对安全相关的关键信号进行实时监测，对异常状态进行实时告警，提升管理者对基础设施的运维管理效率。

③ 当安全风险出现黄色、橙色、红色预警时，区、县级应急管理局应在限定时间内响应，指导并监督企业对照风险清单信息表和隐患排查表核查原因，采取相应的管控措施排除隐患。信息反馈采用在线安全监测系统信息发布、手机短信、邮件、声音报警等方式告知相应部门和人员，黄色和红色预警信息应立即用电话方式告知相应部门和人员，并应送达书面报告，并及时上报上级应急管理部门。

④ 预警事件得到处置且运行正常，在线安全监测系统应解除预警。

2. 市级监管部门

① 地方各级人民政府要进一步建立完善安全风险分级监管机制，明确监

管责任主体。

② 实现管辖区域内企业、人员、车辆、重点项目、危险源、应急事件的全面监控，并结合公安、工商、交通、消防、医疗等多部门实时数据，辅助应急部门综合掌控安全生产态势。

③ 支持与危险源登记备案系统、视频监控系统、企业监测监控系统等深度集成，对重大危险源企业进行实时可视化监控。集成视频监控、环境监控以及其他传感器实时上传的数据，实时可视化监测，提升应急部门对重大危险源监测监管力度。对重点防护目标的实时状态进行监测，为突发情况下应急救援提供支持。

④ 基于地理信息系统，对辖区内监管企业的数量、地理空间分布、规模等信息进行可视化监管。整合辖区内各区县应急管理部门现有信息系统的数据资源，覆盖日常监测监管、应急指挥调度等多个业务领域，实现数据融合、数据显示、数据分析、数据监测等多种功能，应用于应急监测指挥、分析研判、展示汇报等场景。并可提供点选、圈选等多种交互查询方式，在地图上查询具体企业名称、联系人、资质证书情况、特种设备情况、安全评价情况、危险源情况等详细信息，实现"一企一档"查询。

⑤ 支持对辖区内重点企业的数量、分布、综合安全态势进行实时监测；并可对具体单位周边环境、建筑外观和内部详细结构进行三维显示，支持集成视频监控、电子巡更等系统数据，对企业实时安全状态进行监测，辅助企业和区县级的应急管理部门精确有力掌控企业风险部位。

⑥ 市级以及管理部门应统筹全市范围内的企业风险。当出现橙色、红色预警时，市级监管部门应立即针对相关企业提出相应的指导意见和管控建议，企业必须立即整顿。

3. 省级监管部门

① 省级人民政府负责落实健全完善防范化解企业安全风险责任体系。

② 建立突发事件应急预案，并可将预案的相关要素及指挥过程进行可视化部署，支持对救援力量部署、行动路线、处置流程等进行动态展现和推演，以增强指挥作战人员的应急处置能力和响应效率。

③ 支持集成视频会议、远程监控、图像传输等应用系统或功能接口，可实现一键直呼、协同调度多方救援资源，强化应急部门扁平化指挥调度的能

力，提升处置突发事件的效率。

④ 支持对应急管理部门既有事故灾害数据提供多种可视化分析、交互手段进行多维度分析研判，支持与应急管理细分领域的专业分析算法和数据模型相结合，助力挖掘数据规律和价值，提升管理部门应急指挥决策的能力和效率。

⑤ 兼容现行的各类数据源数据、地理信息数据、业务系统数据、视频监控数据等，支持各类人工智能模型算法接入，实现跨业务系统信息的融合显示，为应急部门决策研判提供全面、客观的数据支持和依据。统筹区域性风险，整体把控相关区域内的风险，组织专家定期进行远程视频隐患会诊；对安全在线监测指标和安全风险出现红色预警的企业进行在线指导等。

⑥ 支持基于时间、空间、数据等多个维度，依据阈值告警触发规则，并集成各检测系统数据，自动监控各类风险的发展态势，进行可视化自动告警，如当1周内连续2次出现红色预警时，必须责令相关企业限期整改。

⑦ 支持整合应急、交通、公安、医疗等多部门数据，可实时监测救援队伍、车辆、物资、装备等应急保障资源的部署情况以及应急避难场所的分布情况，为突发情况下指挥人员进行大规模应急资源管理和调配提供支持。智能化筛选查看应急事件发生地周边监控视频、应急资源，方便指挥人员进行判定和分析，为突发事件处置提供决策支持。

⑧ 支持与主流舆情信息采集系统集成，对来自网络和社会上的舆情信息进行实时监测告警，支持舆情发展态势可视分析、舆情事件可视化溯源分析、传播路径可视分析等，帮助应急部门及时掌握舆情态势，以提升管理者对网络舆情的监测力度和响应效率。并在出现红色报警信息后迅速核实基层监管部门是否对相关隐患风险进行处置进行监管，根据隐患整改情况执行相应的措施。

三、远程执法

对企业现场引入远程视频监控管理系统，利用现代科技，优化监控手段，实现实时的、全过程的、不间断的监管，不仅有效杜绝了管理人员的脱岗失位和操作工人的偷工减料，也为处理质量事故纠纷提供一手资料，同时也可以在此基础上建立曝光平台，增强质量监督管理的威慑力。

1. 监督模式

系统根据现场实地需求灵活配置，并有可移动视录装备配合使用，现场条件限制小，与企业管理平台和执法监督部门网络终端相连接，现场图像清晰能稳定实时上传并在有效期内保存，便于执法监督人员实时查看和回放，可有效提高监督执法人员工作效率，并实现全过程监管。无线视频监控系统本身的优势决定着其在竞争日益激烈、管理日趋规范的市场中将更多地被采用，在政府监管部门和企业的日常管理中将起到日益重要的作用。

2. 远程管理

借助网络实现在线管理，通过语音、文字实时通信系统与企业、现场的管理人员在线交流，及时发现问题并整改。通过远程实时监控掌握工程进度，合理安排质监计划，使监管更具实效性与针对性，有助于提高风险管理水平，并实现预防管控。

3. 远程监督

监控系统能够直观体现企业风险现场的质量问题，节约处理时间，使风险问题能够高效率解决。对于一些现场复杂、工艺参数烦琐的企业，可邀请相关技术专家通过远程网络指导系统及时解答现场中出现的问题，对风险管控难点或不妥之处进行及时沟通与协调。

第三节　企业风险管控

一、企业分级分类管控

1. 风险辨识分级

根据确定的风险辨识与防控清单，进行重大风险辨识要充分考虑高危工艺、设备、物品、场所和作业等的辨识。并按照重大风险、较大风险、一般风险、低风险四级，分别对应公司、厂、车间、班级进行管控，管控清单同时报上级机构备案。其中，分级管控的风险源发生变化，相应机构或单位监控能力无法满足要求时，应及时向上一级机构或主管部门报告，并重新评估、确定风险源等级。

2. 分类监管

按照部门业务和职责分工，将本级确定的风险源按行业、专业进行管控，明确监管主体，同时由监管主体部门或单位确定内部负责人，做到主体明确，责任到人。

3. 分级管控

依据风险源辨识结果，分级制定风险管控措施清单和责任清单。清单应包括风险辨识名称、风险部位、风险类别、风险等级、管控措施与依据等内容。

4. 岗位风险管控

结合岗位应急处置卡，完善风险告知内容，主要包括岗位安全操作要点、主要安全风险、可能引发的事故类别、管控措施及应急处置等内容，便于职工随时进行安全风险确认，指导员工安全规范操作。

5. 预警响应

应建立预警监测制度，并制定预警监测工作方案。预警监测工作方案包括对关键环节的现场检查和重点部位的场所监测，主要明确预警监测点位布设、监测频次、监测因子、监测方法、预警信息核实方法以及相关工作责任人等内容。

6. 风险档案管理

应按照全生命周期管理要求建立档案管理体系，重点涵盖企业风险评价文件及相关批复文件、设计文件、竣工验收文件、安全生产评价文件、风险评估、隐患排查、应急预案、管理制度文件、日常运行台账等。

二、风险智慧监测监控

1. 监控一体化

依照相关标准规范建立全方位立体监控网络，对重大危险源、重点监管的化工工艺等进行监控，构建监控一体化智能监控管理平台。

2. 资源共享化

对跨平台的企业基础数据、气象、地质灾害及其他风险信息资源实现共享和科学评价，能通过模型和评价体系解决重点问题。

3. 决策智能化

随时了解实时的企业生产状况，对某个关键岗位或部位、作业的风险进行预测预报，及时处理。

三、风险精准管控

1. 风险点管理分工

单元风险点应进行分级管理。根据危险严重程度或风险等级分为 A、B、C、D 级或 I 级、II 级、III 级、IV 级（A、I 为最严重，D、IV 为最轻，各单位可按照自己的情况进行分级）。

A 级风险点由公司、厂、车间、班组四级对其实施管理，B 级风险点由厂、车间班组三级对其实施管理，C 级风险点由车间、班组二级对其实施管理，D 级风险点由班组对其实施管理。如图 5-4 所示。

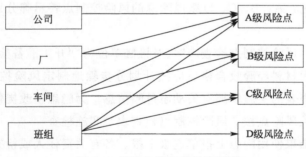

图 5-4　风险点管理分工示意图

2. 检查、监督部门

各级责任人及检查部门、监督部门见表 5-2。

表 5-2　各级风险点对应责任人及检查、监督部门

管理机构	责任人	检查部门	监督部门
公司	A 级—经理	相关职能处室	安全

续表

管理机构	责任人	检查部门	监督部门
厂	A、B级—厂长	相关职能处室	安全
车间	A、B、C级—车间主任	车间	生产
班组	A、B、C、D级—班长	有关岗位	安全员

3. 风险点日常管理措施

（1）制定并完善风险控制对策

风险控制对策一般在风险源辨识清单中记载。为了保证风险点辨识所提对策的针对性和可操作性，有必要通过作业班组风险预知活动对其补充、完善。此外，还应以经补充、完善后的风险控制对策为依据对操作规程、作业标准中与之相冲突的内容进行修改或补充完善。

（2）树"危险控制点警示牌"

"风险控制点警示牌"应牢固树立（或悬挂）在风险控制点现场醒目处。

"风险控制点警示牌"应标明风险源管理级别、各级有关责任单位及责任人、主要控制措施。

为了保证"风险控制点警示牌"的警示效果和美观的一致性，最好对警示牌的材质、大小、颜色、字体等做统一规定。警示牌一般采用钢板制作，底色采用黄色或白色，A、B、C、D级风险源的风险控制点警示牌分别用不同颜色字体书写。

（3）制定"风险控制点检查表"（对检修单位为"开工准备检查表"）

风险点辨识材料经验收合格后应按计划分步骤地制定风险控制点检查表，以便基于该检查表的实施掌握有关动态危险信息，为隐患整改提供依据。

（4）对有关风险点按"风险控制点检查表"实施检查

检查所获结果使用隐患上报单逐级上报。各有关责任人或检查部门对不同级别风险源点实施检查的周期按单位相关制度执行。

对于检修单位，应于进行检修或维护作业前对作业对象、环境、工具等进行一次彻底的检查，对本单位无力整改的问题同时应用隐患上报单逐级上报。

公司安全部门对全公司A、B级风险点的抽查应保证覆盖面（每年每个A级风险源至少抽查一次）和制约机制（保证一年中有适当的重复抽查）。

对尚未进行彻底整改的危险因素，本着"谁主管、谁负责"的原则，由风险源所属的管理部门牵头制定措施，保证不被触发引起事故。

4. 有关责任人职责

企业法定代表人和实际控制人同为本企业防范化解安全风险第一责任人，对防范化解安全风险工作全面负责。要配备专业技术人员管理，实行全员安全生产责任制度，强化各职能部门安全生产职责，落实一岗双责，按职责分工对防范化解安全风险工作承担相应责任。

（1）公司经理职责

组织领导开展本系统的风险点分级控制管理，检查风险点管理办法及有关控制措施的落实情况。

督促所主管的单位或部门对 A 级风险点进行检查，并对所查出的隐患实施控制。同时，了解全公司 A 级风险点的分布状况及带普遍性的重大缺陷状况。

审阅和批示有关单位报送的风险点隐患清单表，并督促或组织对其及时进行整改。

对全公司 A 级风险点漏检或失控及由此而引起的重伤及以上事故承担责任。

（2）厂长职责

负责组织本厂开展风险点分级控制管理，督促管理部和相关部门落实风险点管理办法及有关控制措施。

对本企业 A 级、B 级风险点进行检查，并了解车间风险点的分布状况和重大缺陷状况。

督促车间及检查部门严格对 A、B、C 级风险点进行检查。

审阅并批示报送的风险点隐患清单表，督促或组织有关车间或部门及时对有关隐患进行整改。对本厂确实无力整改的隐患应及时上报公司，并采取有效临时措施加以控制。

对公司 A 级和 B 级风险点失控或漏检及由此而引起的重伤及以上事故承担责任。

（3）车间主任职责

负责组织本车间开展风险点分级控制管理，落实风险源管理办法与有关措施。

对本车间 A、B、C 级风险点进行检查，并了解管理部风险点的分布状况和重大缺陷状况。

督促所属班组严格对各级风险点进行检查。

及时审阅并批示班组报送的风险点隐患清单表。对所上报的隐患在当天组织整改。车间确实无力整改的隐患，应立即向厂安全部报告，并采取有效临时措施加以控制。

对车间 A、B、C 级风险点漏检或失控及由此而引起的轻伤及以上事故承担责任。

（4）班长职责

负责班组风险点的控制管理，熟悉各风险点控制的内容，督促各岗位（同时本人）每班对各级风险点进行检查。

对班组查出的隐患当班进行整改，确实无力整改的应立即上报管理部，同时立即采取措施加以控制。

对班组因风险点漏检及隐患整改或信息反馈方面出现的失误及由此而引起的各类事故承担责任。

（5）岗位操作人员职责

熟悉本岗位作业有关风险点的检查控制内容，当班检查控制情况，杜绝弄虚作假现象。

发现隐患应立即上报班长，并协助整改，若不能及时整改，则采取临时措施避免事故发生。

对因本人在风险点检查、信息反馈、隐患整改、采取临时措施等方面延误或弄虚作假，造成风险点失控或由此而发生的各类事故承担责任。

5. 其他有关职能部门职责

（1）安全部门职责

督促本单位开展风险点分级控制管理，制定实施管理办法，负责综合管理。

负责组织本单位对相应级别风险点危险因素的系统分析，推行控制技术，不断落实、深化、完善风险点的控制管理。

分级负责组织风险点辨识结果的验收与升级、降级及撤点、销号审查。

坚持按期深入现场检查本级风险点的控制情况。

负责风险控制点的信息管理。

负责定期填报风险点隐患清单表。

督促检查各级对查出或报来隐患的处理情况，及时向领导提出报告。

对风险点失控而引发的相应级别伤亡事故，认真调查分析，按规定查清责任并及时报告领导。

负责按规定的内容进行风险点管理状况考核。

对因本部门工作失职或延误，造成风险点漏检或失控及由此而引发的相应级别工伤事故承担责任。

（2）公司其他有关职能处、室职责

参与 A、B 级风险点辨识结果的审查，并在本部门的职权范围内组织实施。

负责对本部门分管的风险点定期进行检查。

按"安全生产责任制度"的职责，对公司无力整改的风险点缺陷或隐患接到报告后 24 小时内安排处理。

对因本部门工作延误，使风险点失控或由此而发生死亡及以上事故承担责任。

6. 考核

因风险点漏检或失控而导致事故，按公司有关工伤事故管理制度有关规定从严处理。

风险点隐患未及时整改且未采取有效临时措施的按公司有关安全生产经济责任制考核。

各级、各职能部门未按职责进行检查和管理，对本职责范围内有关隐患未按时处理，按公司经济责任制扣奖。

不按时报送风险点隐患清单表，按季度考核。

通过各种措施改造工艺或提高防护、防范措施水平，消除或减少了风险点的危险因素，经确认后酌情予以奖励。

7. 预警响应

企业应建立预警监测制度并制定预警监测工作方案。预警监测工作方案包括对关键环节的现场检查和重点部位的场所监测，主要明确预警监测点位布设、监测频次、监测因子、监测方法、预警信息核实方法以及相关工作责任人等内容。

8. 风险档案管理

风险档案管理应按照全生命周期管理要求，建立档案管理体系，重点涵盖企业风险评价文件及相关批复文件、设计文件、竣工验收文件、安全生产评价文件、稳定性评估、风险评估、隐患排查、应急预案、管理制度文件、日常运行台账等。

参考文献

[1] 方来华,吴宗之,魏利军,等.提高重大工业事故预防控制能力研究[J].中国安全科学学报,2010,20（9）:86-90.

[2] 徐厚友,周琪,王彪,等.论钢铁企业集中操控之后的安全新挑战及对策防护措施[J].工业安全与环保,2021, 47(7):82-85.

[3] 李德顺.基于广义集对分析的系统危险性评价研究[D].东北大学,2010.

附录一　金属冶炼企业通用风险辨识清单

一、冶金企业煤气安全风险、隐患信息表

冶金企业煤气安全风险、隐患信息表（示例）见附表 1-1。

附表 1-1　冶金企业煤气安全风险、隐患信息表（示例）

要素	安全风险评估与管控						隐患违规电子证据				
	场所/环节/部位	风险模式	事故类别	事故后果	风险等级	风险管控措施	参考依据	隐患检查内容	判别方式	监测监控方式	监测监控部位
煤气回收与净化	高炉煤气净化	煤气泄漏	中毒窒息、火灾爆炸	人员伤亡、财产损失	重大风险	(1)常压高炉的洗涤塔、文氏管洗涤器、灰泥捕集器和脱水器的污水排出管的水封有效高度，应为高炉炉顶最高压力的 1.5 倍对应水柱的高度，且不小于 3m。 (2)高压高炉的洗涤塔、文氏管洗涤器、灰泥捕集器下面的浮标箱和脱水器，应使用符合高压煤气要求的排水控制装置，并有可靠的水位指示器和水位报警器。水位指示器和水位报警器均应在管理室反映出来。 (3)各种洗涤装置应装有蒸汽或氮气管接头。在洗涤器上部，应装有安全泄压放散装置。 (4)可调文氏管、减压阀组必须采用可靠的严密的轴封。 (5)每座高炉煤气净化设施与净煤气总管之间，应设可靠的隔断装置。 (6)布袋除尘器每个出入口应设可靠的隔断装置，布袋除尘器应设有煤气高、低温报警和低压报警装置，布袋除尘器箱体应采用泄爆装置，向外界卸灰时，应有防止煤气外泄的措施。	《工业企业煤气安全规程》(GB 6222)	洗涤塔污水排出管水封高度是否足够；洗涤塔水位是否异常、报警；布袋除尘器出入口隔断是否可靠；布袋除尘器是否设有煤气高、低温报警和低压报警装置；煤气危险区域内是否安装报警器，煤气浓度是否超标	通过视频观察净化区域装置有无异常，是否有无关人员进入，煤气浓度、温度、压力、水封液位等参数是否异常	视频监控、参数监测	高炉煤气净化区域，包括洗涤装置、布袋除尘器、重力除尘器等

续表

要素	场所/环节/部位	安全风险评估与管控						隐患违规电子证据			
		风险模式	事故类别	事故后果	风险等级	风险管控措施	参考依据	隐患检查内容	判别方式	监测监控方式	监测监控部位
煤气回收与净化	焦炉煤气净化	煤气泄漏	中毒窒息、火灾爆炸	人员伤亡、财产损失	重大风险	(7)余压透平进出口煤气管道上应设可靠的隔断装置,入口管道上设有紧急切断阀。余压透平应设有可靠的甩封、余压透平保护装置,以及调节、监测,自动控制仪表和必要的联锁信号。(8)高炉煤气净化系统气密性实验应合格。(1)区域内安装固定式一氧化碳检测报警器。(2)检查捕液器无腐蚀做泄漏及煤气压力,液位正常。(3)检查脱硫区域内脱硫塔及煤气网无泄漏。(4)开停工前检查确认,各处阀门开关处于正常位置	《冶金企业安全生产标准化评定标准》(焦化)	焦炉煤气净化区域是否设有一氧化碳报警器,捕集器,捕液报警器压力有无报警,煤气压力,液位是否正常	通过视频观察焦炉煤气净化装置(脱硫塔、脱硫塔、再生塔、电捕焦、捕油器等)有无异常,是否有人员进入,煤气浓度,温度,压力有无异常	视频监控,参数监测	脱苯塔、脱硫塔、再生塔、电捕焦油器等焦炉煤气净化区域

续表

要素	场所/环节/部位	风险模式	安全风险评估与管控					隐患违规电子证据			
			事故类别	事故后果	风险等级	风险管控措施	参考依据	隐患检查内容	判别方式	监测监控方式	监测监控部位
煤气回收与净化	转炉煤气回收与净化	(1)回收操作误操作。(2)电除尘安全装置不全或者失效。	中毒窒息、火灾爆炸	人员伤亡、财产损失	重大风险	(1)转炉操作室和抽气机房之间应设有直通电话和声光信号,加压机房和煤气调度之间设调度电话。(2)转炉一氧化碳含量的连续测定装置及微氧量超过2%或煤气柜位高度到达上限时应停止回收。(3)电除尘器应设有当转炉煤气含氧量达到1%时,能自动切断电源的装置。(4)电除尘器有放散管和泄爆装置。(5)电除尘器入口、出口管道应有可靠的隔断装置。	《工业企业煤气安全规程》(GB 6222)	转炉煤气净化区域是否设设冲氨装置、煤气一氧化碳含量测定报警装置,电除尘器安全装置是否有效合理,煤气压力、温度、含氧量是否无异常。	通过视频观察转炉煤气净化区域是否设置冲氨装置、煤气一氧化碳含量测定装置,电除尘器、风阀、水冷杯等有无异常,是否有人员进入,煤气浓度、压力、温度、含氧量有无异常。	视频监控、参数监测	电除尘器、风机、水冷杯、放散塔等转炉煤气净化区域
煤气输送与加压	煤气管道	煤气泄漏。	中毒窒息、火灾爆炸	人员伤亡、财产损失	重大风险	(1)建立煤气管网系统定期巡检制度。(2)架空煤气管道靠近高温热源敷设以及管道下方经常有装载高温炽热物件的车辆经过,停留时,应采取隔热措施。(3)不应在存放易燃易爆物品的堆场和仓库区内敷设煤气管道,在已敷设的煤气管道下面,不应修建有关的建筑物和存放易燃易爆物品。(4)煤气管道应采取消除静电和防雷的措施。	《工业企业煤气安全规程》(GB 6222)	煤气管网是否定期巡检、维护,煤气管道设置是否合理,是否远离热源,煤气管道是否采取消除静电和防雷?	通过巡检、维护记录查看,煤气管道压力、温度有无异常,量有无异常。煤气管道敷设是否合理。	参数监测	煤气管道

续表

要素	场所/环节/部位	安全风险评估与管控						隐患违规电子证据			
		风险模式	事故类别	事故后果	风险等级	风险管控措施	参考依据	隐患检查内容	判别方式	监测监控方式	监测监控部位
煤气输送与加压	附属设施	煤气泄漏	中毒窒息、火灾爆炸	人员伤亡、财产损失	重大风险	(5)煤气管道与其他管道共架敷设时应符合有关规定。(6)架空煤气管道的最小水平净距、垂直净距应符合有关规定。(7)煤气分配主管上只管引接处,必须设置可靠的隔断装置。(8)应定期测定煤气管道壁厚,建立管道防腐档案。		的措施;主管与支管之间是否设置可靠隔断。			
						(1)定期检查各附属设施是否完好无损,有无腐蚀泄漏。(2)煤气排水封的有效高度应为煤气计算压力对应水柱高度至少加500mm,并应定期检查水位高度。(3)收集煤气放散管口应高于煤气管道、设备和走台4m,离地面不小于10m。(4)剩余煤气放散管应控制放散量,其管口高度应高出周围建筑物,一般离地面不小于30m。(5)泄爆阀安装在煤气设备易发生爆炸的部位,泄爆阀应保持严密,泄爆膜的设计应经过计算,泄爆阀的泄爆口不应正对建筑物的门窗。(6)厂区内主要煤气管道应有明显的煤气流向和种类的标志,所有可能泄漏煤气的地方均应连有提醒人们注意的警示标志。(7)煤气放散塔的高度应高于50m点火放散	《工业企业煤气安全规程》(GB 6222)	检查排水器水位高度,放散精况,放散器的火焰监测是否有效。	通过视频观察排水器水位有无异常,是否有煤气放散,无关人员进入、放散时有无人员靠近,煤气压力有无异常,区域内煤气报警器有无报警。	视频监控、参数监测数监测	煤气排水器、放散管等附属设施。

续表

| 要素 | 场所/环节/部位 | 风险模式 | 安全风险评估与管控 | | | | 隐患违规电子证据 | | | |
| | | | 事故类别 | 事故后果 | 风险等级 | 风险管控措施 | 参考依据 | 隐患检查内容 | 判别方式 | 监测监控方式 | 监测监控部位 |

| 煤气输送与加压 | 加压与混合 | 煤气泄漏。 | 中毒窒息、火灾爆炸 | 人员伤亡、财产损失 | 较大风险 | (1)加压站、混合站,抽气机室的电气机组电气设备的设计和施工,应遵守 GB 50058 的有关规定。(2)加压站应建立在地面上,严禁在厂房下室或地下室或半地下室。(3)管理室应装设二次检测仪表及调节装置,大型室加压站、混合站,抽气机室的管理室宜设有直通电话。(4)站内房内应设有一氧化碳监测装置,并把信号传送到管理室内。(5)煤气加压机,抽气机的排水器应按机组各自配置,每台煤气加压机前后应设可靠的切断装置。(6)站内房内应设有消防设备。 | 《工业企业煤气安全规程》(GB 6222) | 室内电气设备是否防爆;加压站、混合站等房内风机房内是否设置煤气报警器。 | 通过视频观察站房内风机等设备有无异常,是否有无关人员进入,煤气压力有无异常,区域内煤气报警器有无报警。 | 视频监控、参数监测数据监测 | 煤气加压站、混合站、风机房等 |
| 煤气储存 | 煤气柜 | 煤气泄漏。 | 中毒窒息、火灾爆炸 | 人员伤亡、财产损失 | 重大风险 | (1)煤气柜不应建设在居民稠密区,应远离大型建筑、仓库、通信和交通枢纽等重要设施,并应布置在通风良好的地方。煤气柜周围应设有围墙、消防车道和消防设施,规定应设防雷装置。(2)湿式煤气柜每级容塔同水封的有效高度应不小于最大工作压力的1.5倍对应的水柱高度。(3)煤气柜出、入口管道上应设置切断装置。(4)煤气柜应有容积指示装置,柜位到达上限时应有关闭煤气入口阀,并设有放散设施,还应有煤气柜位降到下线时,自动停止向外输送煤气或自动冲压的装置。 | 《工业企业煤气安全规程》(GB 6222) | 煤气柜选址、布局是否合理;煤气柜容积是否配备上部及控制室是否配备煤气报警器;煤气压力、量、氧含量、流量等。 | 通过视频观察煤气柜有无异常,是否有无关人员进入,煤气容积、活塞、流量,有无异常,区域内煤气压力、量、氧含量、流量等。 | 视频监控、参数监测数据监测 | 煤气柜区域 |

续表

要素	场所/环节/部位	风险模式	事故类别	事故后果	风险等级	风险管控措施	参考依据	隐患检查内容	判别方式	监测监控方式	监测监控部位
煤气储存						(5)活塞上部应备有一氧化碳监测报警装置。(6)布帘式煤气柜应设有与柜进口阀和转炉煤气回收的三通切换阀的联锁装置		监测数据是否异常。	气报警器有无报警。		
煤气使用	烘烤器、燃烧炉等煤气燃烧装置	煤气失压引发火灾；点火失效引发煤气燃烧；煤气泄漏	中毒、窒息、火灾爆炸	人员伤亡、财产损失	重大风险	(1)当燃烧装置采用强制送风的燃烧嘴时，煤气支管上应装有自动隔断阀。在空气管道上应设泄爆膜。(2)煤气、空气管道的末端应有放散管；放散管应引到厂房外。(3)空气管道上应安装低压报警装置。(4)煤气系统必须保持正压运行，当压力低于500Pa时，各煤气用户应无条件立即熄火，停止燃烧，且禁止开启助燃风道附件，防止管道负压进入空气。(5)炉子点火时，点火程序必须是先点燃火种后给煤气，严禁先给煤气后点火。凡送煤气前已烘炉的炉子，其炉膛温度超过1073K(800℃)时，可不点火直接送煤气，但必须严密监视其是否燃烧	《工业企业煤气安全规程》(GB 6222)	煤气支管是否安装回装置；空气管是否安装及紧急切断阀；煤气空气管道是否安装低压报警装置；放散装置是否正常；炉内火焰是否正常；烘烤区域是否有煤气报警装置。	通过视频观察煤火及煤气燃烧情况。煤气压力、流量有无异常，烘烤区域内煤气有无报警器报警。	视频监控，参数监测	烘烤器、各类煤气燃烧的燃烧点火区域等。
危险有害气体作业	有毒有害气体区域作业	煤气危险区域进入，报警无报，进入煤气区域未佩戴个	中毒和窒息	人员伤亡	较大风险	(1)进入有毒有害气体易聚集场所应携带便携式煤气泄漏监测仪、佩戴防毒面具到煤气区域作业的人员，应配备便携式一氧化碳报警仪。便携式报警装置应定期校验。(2)煤气作业工作场所必须配备必要的联系	《工业企业煤气安全规程》(GB 6222)	进入煤气区域是否携带便携式煤气报警器，是否佩戴防毒	通过视频观察是否有无关人员进入煤气危险	视频监控，参数监测	高炉风口及以上平台、转炉炉口以上平台、煤气

续表

要素	场所/环节/部位	安全风险评估与管控					隐患违规电子证据			
		风险模式/风险点/部位	事故类别	事故后果	风险等级	风险管控措施	参考依据	隐患排查内容	判别方式	监测监控方式	监测监控部位
		人防护用品。				信号、煤气压力表及风向标志等。 （3）进入煤气设备内部工作时，所用照明电压不得超过12V。 （4）高炉风口及以上平台、转炉炉口以上平台、煤气柜活塞上部、烧结点火燃烧器等易产生热的煤气锅炉等燃烧器旁等易产生风、煤气泄漏的区域和焦炉地下室、加压站房、风机房或半封闭或全封闭等同空间等煤气危险区域应安装固定式煤气检测报警器。		面具、空气呼吸器等应急用具；煤气报警器是否定期校验区域、危险区域是否安装固定式煤气报警器，有无煤气浓度检测异常。	区域、工作区域人员进入是否携带煤气报警器，煤气报警区域煤气浓度检测是否有报警情况。		柜活塞上部、烧结点火燃烧及热风炉、加热炉、管式炉、燃气锅炉等燃烧器等易燃烧的区域产生泄漏的区域地下至炉、加压站房、风机房或半封闭或全封闭等同空间等煤气危险区域。
危险作业	有毒有害气体区域作业	使用煤气点火未按正确方式进行点火顺序。	中毒窒息、火灾、爆炸	人员伤亡、财产损失	较大风险	（1）炉子点火时，点火程序必须是先点燃种后给煤气，严禁先给煤气后点火。凡送煤气前已烘炉的炉子，其炉膛温度超过1073K（800℃）时，可不点火直接送煤气，但必须严密监视其是否燃烧。 （2）送煤气时不着火或着火后又熄灭，必须有炉内火焰监视装置。	《工业企业煤气安全规程》（GB 6222）	煤气点火程序是否正确，操作规程是否合理，是否有炉内火焰监视装置。	通过作业规程看点火程序；通过视频观察煤气点火及焰灭。	视频监控	煤气点火装置

续表

要素	场所/环节/部位	安全风险评估与管控						隐患违规电子证据			
		风险模式/安全要求	事故类别	事故后果	风险等级	风险管控措施	参考依据	隐患检查内容	判别方式	监测监控方式	监测监控部位
						须立即关闭煤气阀门,查清原因,排净炉内混合气体后,再按规定程序重新点火。(3)凡送风煤气炉子,点火时必须先开放风机但不送风,待点火送煤气燃着后,再逐步增大风量和煤气量。停煤气时,必须先关闭所有烧嘴,然后停鼓风机。(4)送煤气后,必须检查所有连接部位和隔断装置是否泄漏煤气。			燃烧情况。		
危险作业	有毒有害气体区域作业	煤气设备吹扫置换方案未达到安全要求。	中毒窒息、火灾爆炸	人员伤亡、财产损失	较大风险	(1)吹扫和置换煤气设施内部的煤气,应使用蒸汽、氮气或烟气为置换介质。吹扫或引气过程中,不准在煤气设施上进、出电焊线。吹扫置换完毕后应有效断开吹扫介质管道。(2)煤气设施内部气体置换是否达到预定质量要求,应按预定项目的检验数据和一氧化碳含氧量进行爆发试验验证确定	《工业企业煤气安全规程》(GB 6222)	煤气管道吹扫置换程序是否合理,吹扫、置换换记录有无异常,吹扫管是否为软连接。	通过检测煤气设施内部煤气浓度及含氧量。	参数监测	煤气吹扫支管
		停(送)煤气作业未制定方案或未按照方案执行。	中毒窒息、火灾爆炸	人员伤亡、财产损失	较大风险	(1)停(送)煤气危险作业应填报危险作业申请单,并向主管部门申请批办危险作业手续,制定相应的技术(安全)方案。(2)按照方案做好停、送气前的准备工作,对参与停(送)煤气作业人员进行安全技术交底和明确分工。(3)按作业前的现场安全确认。(4)按照方案确定的停、送气操作步骤工气操作方案要求分步做好停、送煤	《工业企业煤气安全规程》(GB 6222)	是否办理危险作业手续,作业是否制定方案并严格执行。	通过查阅停(送)煤气作业方案及作业记录。	视频监控、参数监测	停(送)煤气作业

续表

要素	场所/环节/部位	安全风险评估与管控						隐患违规电子证据			
		风险模式	事故类别	事故后果	风险等级	风险管控措施	参考依据	隐患检查内容	判别方式	监测监控方式	监测监控部位
危险作业	有毒有害气体区域作业	带煤气作业安全措施未落实	中毒窒息、火灾、爆炸	人员伤亡、财产损失	较大风险	（5）停送煤气操作，应规范操作。作业完毕后，对现场进行确认检查确认。 （1）带煤气作业应有作业方案或作业指导书，应有专人负责现场作业并制定安全防护措施。 （2）不应在雷雨天、夜间进行带煤气作业。 （3）工作场所应有必要的联系信号、煤气压力表及风向标志等。 （4）距工作场所40m内，不应有火源并应采取防着火措施。 （5）应使用铜制工具、铁制工具应涂油脂。	《工业企业煤气安全规程》（GB 6222）	是否办理作业手续，是否制定安全方案并严格执行作业时是否佩戴空气呼吸器等应急设备；作业工具是否可靠。	通过查阅停带煤气作业方案及作业记录。	视频监控，参数监测	带煤气作业
	动火作业	危险区域动火	火灾、爆炸	人员伤亡、财产损失	重大风险	（1）危险区域动火作业前，必须办理动火手续、动火部位的易燃物，用防火毯、石棉垫或铁板覆盖动火星飞溅的区域。 （2）有油渍的部位建议开启水源，直接用水扑灭火星；易燃区域动火时，排烟和通风系统必须关停，并派专人现场监护和及时扑灭火星。 （3）在运行的煤气设备上动火，设备内部应保持正压，动火部位应可靠接地。在停产时的煤气设备应配备便携式煤气报警器，消防器材等应急物资；	《生产区域动火作业安全规范》（HG 30010）、《工业企业煤气安全规程》（GB 6222）	是否办理动火作业手续、作业安全方案并严格执行，作业时是否配备便携式煤气报警器、消防器材等应急物资；	通过查阅煤气区域动火作业方案及作业记录。	视频监控，参数监测	动火作业

续表

| 要素 | 场所/环节/部位 | 安全风险评估与管控 | | | | | | 隐患违规电子证据 | | | |
		风险模式	事故类别	事故后果	风险等级	风险管控措施	参考依据	隐患检查内容	判别方式	监测监控方式	监测监控部位
危险作业	动火作业	…			…	煤气设备上动火，可燃气体应测定合格，含氧量应接近作业环境空气中含氧量，并将煤气设备内易燃物清扫干净或通上蒸汽，确认动火全程不形成爆炸性气体后，方能动火。 （4）动火后应派专人到动火区域下方进行确认，并继续观察15min 确认无火险后，动火人员方能撤离	…	煤气设施压力是否异常。		…	…
…	…	…	…	…	…	…	…	…	…	…	…

二、铸造、铁合金安全风险、隐患信息表

铸造、铁合金安全风险、隐患信息表（示例）见附表 1-2。

附表 1-2　铸造、铁合金安全风险、隐患信息表（示例）

| 部位 | 作业或活动名称 | 安全风险评估与管控 | | | | | | 隐患违规电子证据 | | | |
		风险模式	事故类别	事故后果	风险等级	风险管控措施	参考依据	隐患检查内容	判别方式	监测监控方式	监测监控部位
铸铁区	铸铁	铸铁时铁水退水爆炸	爆炸、灼烫	重大人员伤亡、财产损失	重大风险	视频监控措施：铸铁区无关人员，无积水。 其他措施： 1.铸铁机地坑和铸模内不应有水； 2.铸铁时铁水流应均匀，不应使用有开裂及内裂	AQ 2002—2018《炼铁安全规程》15.10,15.12,	铸铁区是否无积水、无关人员。	铸铁区现场视频	视频	铸铁区视频

续表

部位	作业或活动名称	安全风险评估与管控						隐患违规电子证据			
		风险模式	事故类别	事故后果	风险等级	风险管控措施	参考依据	隐患检查内容	判别方式	监测监控方式	监测监控部位
铸铁区						表面有缺陷的铸模;3、远离正在铸铁的铁水罐;倾翻罐下、翻板区域,不应有人。	15.13				
模铸区	模铸	模铸时铁水遇水爆炸	爆炸、灼烫	重大人员伤亡、财产损失	重大风险	视频监控:模铸区无关人员,无积水。其他措施:铸模内不应有水或潮湿,不得有渗漏现象发生;周围应有防止水流入人的措施;地坑应符合《地下工程防水技术规范》的规定	GB 51155—2016《机械工程建设项目职业安全卫生设计规范》4.5.2	模铸区是否无积水、无无关人员。	模铸视频现场视频	视频	模铸区视频
						视频监控:熔融物运区无积水及可燃易燃物,无关人员。					
起重机	起重作业	铁水罐、钢水罐、渣罐吊运时,因起重机缺陷、操作不当发生倾翻、掉落	爆炸、灼烫、起重伤害	重大人员伤亡、财产损失	重大风险	其他措施:1、吊运铁水、钢水应使用铸造起重机,铸造起重机额定能力应符合 GB 50439 的规定。2、起重机应使用有完整技术证明文件和使用说明,桥式起重机等设备,应经有关主管部门检查验收合格,方可投入使用;3、铁水罐、钢水罐龙门钩的横梁、耳轴销和吊钩、钢丝绳及其端头固定及定期对吊钩本体检查,发现问题及时处理,应定期检测检查。作超声检测检查。4、钢丝绳、链条等常用起重工具,其使用、维护与报废应遵守 GB/T 6067.1、GB/T 5972 的规定。	AQ 2001—2018《炼钢安全规程》8.4	熔融物吊运区是否无积水及可燃易燃物,无无关人员	现场视频	视频	熔融物吊运区域的视频

续表

部位	安全风险评估与管控						隐患违规电子证据				
	作业或活动名称	风险模式	事故类别	事故后果	风险等级	风险管控措施	参考依据	隐患检查内容	判别方式	监测监控方式	监测监控部位
起重机	…	…	…	…	…	5. 起重机作业与安全装置, 应符合 GB/T6067.1 的有关规定。安装有能从地面辨别额定荷重的标识, 安装起重量限制器, 不应超负荷作业。 6. 起重设备应经静、动负荷试验合格, 方可使用。拆卸式起重机等负荷试验, 采用其额定负荷的 1.25 倍。 7. 起重作业应由经专门培训, 考核合格的专职人员指挥, 同一时刻只应 1 人指挥; 指挥人员应有起重机司机易于辨认的明显的识别标识, 指挥信号应遵守 GB/T5082 的规定。吊运重罐铁水, 应起吊, 起吊时, 人员应站在安全位置, 并尽量远离起吊地点。规范起重作业。 8. 起重机启动和移动时, 应发出声响与灯光信号; 吊物不应从人头上顶和重要设备上方越过; 不应用吊物撞击其他物体或重物(脱模操作除外); 吊物上不应有人。 9. 起重机吊运通道下方不应设操作室、休息室等	…			…	…

三、铜冶炼安全风险、隐患信息表

铜冶炼安全风险、隐患信息表（示例）见附表 1-3。

附表 1-3　铜冶炼安全风险、隐患信息表（示例）

部位	作业活动名称	安全风险评估与管控						隐患违规电子证据				
		风险模式	事故类别	事故后果	风险等级	风险管控措施	参考依据	隐患检查内容	判别方式	监测监控方式	监测监控部位
加料		原料、辅料分进入高温熔体。	灼烫火灾爆炸	重大人员伤亡、财产损失	重大风险	加入各冶炼炉的原料、燃辅料应有专用厂房或料仓库，无厂房或料仓库的应有其他防雨、防潮措施	《铜冶炼安全生产规范》（GB/T29520—2013）《铜及铜合金熔铸安全生产规范》（GB30080—2013）	原料、燃辅料干燥，有防雨、防潮措施。	原料场现场视频	视频	原料场视频
熔炼炉	熔炼	水冷件漏水进入炉内高温熔体。	灼烫火灾	重大人员伤亡、财产损失	重大风险	（1）带有水冷件、余热回收的冶炼炉，应设置流量、温度报警装置。（2）其参数应上传至生产控制系统。（3）应有防止水进入炉内的安全设施（如：切断阀、水冷闸板、泄流口等）	《铜冶炼安全生产规范》（GB/T29520—2013）《铜及铜合金熔铸安全生产规范》（GB30080—2013）	冷却水流量、有切断带、水冷闸板、水冷进止水进入炉内的安全设施。	冷却水参数	参数监控	水冷件

续表

部位	作业或活动名称	安全风险评估与管控					隐患违规电子证据				
		风险模式	事故类别	事故后果	风险等级	风险管控措施	参考依据	隐患检查内容	判别方式	监测监控方式	监测监控部位
熔炼	熔炼炉	喷枪运行系统、氧气、油、工艺空气管路、阀门门失控造成二氧化硫烟气泄漏。	中毒和窒息	重大人员伤亡、财产损失	重大风险	(1)各冶炼炉应安装收尘及二氧化硫烟气集中处理系统。(2)操作平台必须设立安全防护设施。(3)现场安装二氧化硫浓度监测装置。(4)调整 ID 风机，二氧化硫浓度风机转速。(5)硫酸系统风机与铜熔炼用炉间应有安全联锁装置。	《铜冶炼安全生产规范》(GB/T29520—2013)《铜及铜合金熔铸安全生产规范》(GB30080—2013)	二氧化硫烟气浓度监测正常，硫酸系统风机用炉间有安全联锁装置。	二氧化硫烟气浓度参数、视频	参数监控、视频	烟气收尘装置、炉体视频
火法精炼炉	加料	原料、辅料高水分入炉。	其他爆炸火灾中毒和窒息	重大人员伤亡、财产损失	较大风险	(1)加入各冶炼炉的原料、燃辅料应有专用厂房或仓库，无厂房或仓库的应有其他防潮措施。(2)进料前，相关作业人员应对入炉原料、辅料进行检查，确保安全，方可进料。	《铜冶炼安全生产规范》(GB/T29520—2013)《铜及铜合金熔铸安全生产规范》(GB30080—2013)	原料、燃辅料干燥、有防雨、防潮措施，有入炉原料、辅料的检查记录。	原料场现场视频	视频	原料场视频
	吹炼	水冷件漏水，进入炉内。	其他爆炸火灾中毒和	重大人员伤亡、财产损失	重大风险	(1)带有水冷件、余热回收的冶炼炉，应设置流量、温度报警装置，其参数应上传至自动控制系统。(2)应有防止水进入炉内的安全设施(如：切断阀，水冷闸板，泄流台等)。	《铜冶炼安全生产规范》(GB/T29520—2013)《铜及铜合金》	冷却水流量和温度等参数检测正常，有切断阀，水冷闸板。	冷却水参数、水冷件日常点检记录。	参数监控	水冷件

续表

部位	作业或活动名称	安全风险评估与管控						隐患违规电子证据			
		风险模式	事故类别	事故后果	风险等级	风险管控措施	参考依据	隐患检查内容	判别方式	监测监控方式	监测监控部位
	吹炼		窒息			(3)水冷构件应进行日常点检、维护	《熔铸安全生产规范》(GB30080—2013)	等防止水进入炉内的安全设施。			
火法精炼炉	吹炼	耐火砖腐蚀损坏或掉落、炉体发红或高温、熔体泄漏	其他爆炸、火灾、中毒和窒息。	重大人员伤亡、财产损失	重大风险	(1)精炼炉应配备炉体耐火砖厚薄度测量的设施、装置及措施。(2)出现炉体发红情况应有风冷或其他应急处置设施。(3)铜冶炼用炉体冷却水系统应配备应急用泵。(4)加强检查，定期测量炉体各方位温度，观察炉内掉砖情况，当出现温度过高或炉体局部发红，及时报告处理。(5)应设置熔体泄漏后能够存放熔体的安全设施，如安全坑、挡火墙、隔离带等，并备一定数量的应急处置物资，如灭火器、砂袋、防火服等。(6)冶金炉窑周围不应有易燃易爆物质，并确保安全通道道畅通	《铜冶炼安全生产规范》(GB/T29520—2013)《铜及铜合金熔铸安全生产规范》(GB30080—2013)	有炉体厚度、炉内液位、熔池温度、冷却水流量和温度等参数监测及报警、炉衬损耗、耐火砖情况视频等。	炉体厚度、炉内液位、熔池温度、冷却水流量和温度等参数监测、炉体视频	参数、监控、视频	炉体、炉体冷却水系统进出口、炉体周边视频
...	...	...	...	...	...	...	...	...	...	...	...

四、有色金属铸造安全风险、隐患信息表

有色金属铸造安全风险、隐患信息表（示例）见附表 1-4。

附表 1-4 有色金属铸造安全风险、隐患信息表（示例）

部位	作业或活动名称	安全风险评估与管控						隐患违规电子证据					
		风险模式	事故类别	事故后果	风险等级	风险管控措施	参考依据	隐患检查内容	判别方式	监测监控方式	监测监控部位
铸造区	模铸	模铸时熔融金属遇水爆炸	爆炸、灼烫	重大人员伤亡、财产损失	重大风险	视频监控：模铸区无无关人员，无积水。 其他措施： 铸模内不应有水或潮湿，不得有渗漏现象及发生；周围应有防止水流入的措施；地坑应符合《地下工程防水技术规范》的规定。 ……	GB 51155—2016《机械工程建设项目职业安全卫生设计规范》4.5.2	模铸区是否无积水、无关人员。	模铸区现场视频	视频	模铸区视频
……	……	……	……	……	……	……	……	……	……	……	……

附录二 金属冶炼"五高"风险辨识清单

一、单元清单

金属冶炼"五高"风险辨识单元见附表 2-1。

附表 2-1　金属冶炼"五高"风险辨识单元

序号	单元	备注
1	炼铁	高炉炼铁,直接还原法炼铁,熔融还原法炼铁
2	炼钢	铁水预处理,转炉炼钢,电炉(含电炉、中频炉等电热设备)炼钢,钢水炉外精炼,钢水连铸
3	黑色金属铸造	高炉铸造生铁,模铸,重熔铸造(含金属熔炼、精炼、浇铸)
4	铁合金冶炼	高炉法冶炼,氧气转炉、电炉(含矿热炉、中频炉等电热设备)法冶炼,炉外法(金属热法)冶炼
5	铜冶炼	冰铜熔炼,铜锍吹炼,粗铜火法精炼
6	铅锌冶炼	铅冶炼:氧化熔炼,还原熔炼,火法精炼
7		锌冶炼:还原熔炼,粗锌精炼
8	镍钴冶炼	镍冶炼:造锍熔炼,镍锍吹炼,还原熔炼
9	锡冶炼	还原熔炼,火法精炼
10	锑冶炼	挥发熔炼,还原熔炼,火法精炼
11	铝冶炼	氧化铝熔融电解
12	镁冶炼	硅热还原法炼镁,氯化镁熔盐电解,粗镁精炼
13	其他稀有金属冶炼	钛冶炼:富钛料制取,氯化,粗 TiCl4 精制及海绵钛生产(金属热还原法)
14		钒冶炼:金属热还原法炼钒,硅热还原法炼钒,真空碳热还原法炼钒,熔盐电解精炼
15	有色金属合金制造	通过熔炼、精炼等方式,在某一有色金属中加入一种或几种其他元素制造合金的生产活动
16	有色金属铸造	液态有色金属及其合金连续铸造,模铸,重熔铸造(含金属熔炼、浇铸)

二、炼铁单元

1. 炼铁单元"五高"固有风险指标

炼铁单元"五高"固有风险指标见附表 2-2。

附表 2-2　炼铁单元"五高"固有风险指标

典型事故风险点	风险因子	要素	指标描述	特征值		现状描述	取值
高炉坍塌事故风险点	高风险设备	高炉本体	本质安全化水平	危险隔离（替代）			
				故障安全	失误安全		
					失误风险		
				故障风险	失误安全		
					失误风险		
	高风险工艺	软水密闭循环系统	监测监控设施完好水平	冷却壁系统水量监测	失效率		
				炉底系统水量监测	失效率		
		高炉系统		炉身冷却壁温度监测	失效率		
				炉腰冷却壁温度监测	失效率		
				炉腹冷却壁温度监测	失效率		
				炉缸内衬温度监测	失效率		
				炉基温度监测	失效率		
				视频监控	失效率		
	高风险场所	高炉区域	人员风险暴露	"人员风险暴露"根据事故风险模拟计算结果，暴露在事故影响范围内的所有人员（包含作业人员及周边可能存在的人员）			
	高风险物品	铁水	物质危险性	铁水危险物质特性指数			
		高温炉料		高温炉料危险物质特性指数			
	高风险作业	危险作业	高风险作业种类数	高炉分配器排枪堵塞作业数量			
		特种设备操作		电梯作业			
				起重机械作业			
				场（厂）内专用机动车辆作业			
				金属焊接操作			
		特种作业		电工作业			
				高处作业			

续表

典型事故风险点	风险因子	要素	指标描述	特征值		现状描述	取值
熔融金属事故风险点	高风险设备	冶金起重机械	本质安全化水平	危险隔离（替代）			
				故障安全	失误安全		
					失误风险		
				故障风险	失误安全		
					失误风险		
		盛装铁水与液渣的罐（包、盆）等容器		危险隔离（替代）			
				故障安全	失误安全		
					失误风险		
				故障风险	失误安全		
					失误风险		
	高风险工艺	冶金起重机械安全装置	监测监控设施完好水平	制动器	失效率		
				驱动装置	失效率		
				上升极限保护	失效率		
				起重量限制器	失效率		
				超速保护	失效率		
				失电保护	失效率		
				视频监控	失效率		
	高风险场所	渣、铁罐准备区	人员风险暴露	"人员风险暴露"根据事故风险模拟计算结果，暴露在事故影响范围内的所有人员（包含作业人员及周边可能存在的人员）			
		其高温熔融金属影响区域					
	高风险物品	铁水	物质危险性	铁水危险物质特性指数			
		熔渣		熔渣危险物质特性指数			
	高风险作业	危险作业	高风险作业种类数	高炉分配器排枪堵塞作业			
		特种设备操作		起重机械作业			
				场（厂）内专用机动车辆作业			
				金属焊接操作			
		特种作业		电工作业			

续表

典型事故风险点	风险因子	要素	指标描述	特征值		现状描述	取值
煤气事故风险点	高风险设备	高炉本体	本质安全化水平	危险隔离（替代）			
				故障安全	失误安全		
					失误风险		
				故障风险	失误安全		
					失误风险		
		热风炉		危险隔离（替代）			
				故障安全	失误安全		
					失误风险		
				故障风险	失误安全		
					失误风险		
		制粉烟气炉		危险隔离（替代）			
				故障安全	失误安全		
					失误风险		
				故障风险	失误安全		
					失误风险		
		高炉煤气清洗系统		危险隔离（替代）			
				故障安全	失误安全		
					失误风险		
				故障风险	失误安全		
					失误风险		
		高炉煤气余压透平发电装置（TRT）		危险隔离（替代）			
				故障安全	失误安全		
					失误风险		
				故障风险	失误安全		
					失误风险		
	高风险工艺	软水密闭循环系统	监测监控设施完好水平	冷却壁系统水量监测	失效率		
				炉底系统水量监测	失效率		
		高炉系统		炉身冷却壁温度监测	失效率		
				炉腰冷却壁温度监测	失效率		
				炉腹冷却壁温度监测	失效率		
				炉缸内衬温度监测	失效率		

续表

典型事故风险点	风险因子	要素	指标描述	特征值		现状描述	取值
煤气事故风险点	高风险工艺	高炉系统	监测监控设施完好水平	炉基温度监测	失效率		
				风口平台区域 CO 含量监测	失效率		
		热风炉		热风炉区域 CO 含量监测	失效率		
		制粉烟气炉		喷吹区域 CO 含量报警监测	失效率		
				制粉区域 CO 含量报警监测	失效率		
		高炉煤气清洗系统		煤气管道稳压放散管燃烧放散探测监测	失效率		
				生产过程安全联锁、报警监测	失效率		
				高炉煤气清洗系统区域 CO 含量监测	失效率		
		高炉煤气余压透平发电装置（TRT）		TRT 区域 CO 含量报警监测	失效率		
		视频监控系统		视频监控	失效率		
	高风险场所	高炉区域	人员风险暴露	"人员风险暴露"根据事故风险模拟计算结果,暴露在事故影响范围内的所有人员(包含作业人员及周边可能存在的人员)			
		热风炉区域					
		其他煤气影响区域					
	高风险物品	煤气（荒煤气、高炉煤气）	物质危险性	煤气危险物质特性指数			
	高风险作业	危险作业	高风险作业种类数	危险区域动火作业			
				有限空间作业			
		特种设备操作		压力管道作业			
				金属焊接操作			
		特种作业		电工作业			
				焊接与热切割作业			
				煤气作业			

续表

典型事故风险点	风险因子	要素	指标描述	特征值		现状描述	取值
粉爆事故风险点	高风险设备	制粉和喷吹设施	本质安全化水平	危险隔离（替代）			
				故障安全	失误安全		
					失误风险		
				故障风险	失误安全		
					失误风险		
	高风险工艺	制粉和喷吹设施	监测监控设施完好水平	制粉布袋内部温度监测	失效率		
				粉仓上下部温度监测	失效率		
				磨机入口氧含量监测	失效率		
				制粉布袋出口氧含量监测	失效率		
				视频监控	失效率		
	高风险场所	煤粉喷吹区域	人员风险暴露	"人员风险暴露"根据事故风险模拟计算结果,暴露在事故影响范围内的所有人员(包含作业人员及周边可能存在的人员)			
		制粉区域					
		储存区域					
	高风险物品	煤粉	物质危险性	煤粉危险物质特性指数			
	高风险作业	危险作业	高风险作业种类数	危险区域动火作业 起重机械作业 金属焊接操作 电工作业 焊接与热切割作业 高处作业			
		特种设备操作					
		特种作业					

2. 炼铁单元"五高"动态风险指标

炼铁单元"五高"动态风险指标见附表 2-3。

附表 2-3 炼铁单元"五高"动态风险指标

典型事故风险点	风险因子	要素	指标描述	特征值		现状描述	取值
高炉坍塌事故风险点	高危风险监测监控特征指标	软水密闭循环系统	监测监控系统报警、预警情况	冷却壁系统水量监测	报警值及报警频率		
				炉底系统水量监测	报警值及报警频率		
		高炉系统		炉身冷却壁温度监测	报警值及报警频率		
				炉腰冷却壁温度监测	报警值及报警频率		
				炉腹冷却壁温度监测	报警值及报警频率		
				炉缸内衬温度监测	报警值及报警频率		
				炉基温度监测	报警值及报警频率		
				视频监控	报警值及报警频率		

续表

典型事故风险点	风险因子	要素	指标描述	特征值		现状描述	取值
高炉坍塌事故风险点	安全生产基础管理动态指标	安全生产管理体系	安全保障(制度、人员、机构、教育培训、应急、隐患排查、风险管理、事故管理)	《冶金等工贸行业企业安全生产预警系统技术标准(试行)》			
	特殊时期指标	国家或地方重要活动					提档
		法定节假日					提档
		相关重特大事故发生后一段时间内					提档
	高危风险物联网指标	外部因素	国内外实时典型案例				提档
		内部因素	单元内各类高危风险物联网指标状态	实时在线监测			
				定位追溯			
				报警联动			
				调度指挥			
				预案管理			
				远程控制			
				安全防范			
				远程维保			
				在线升级			
				统计报表			
				决策支持			
				领导桌面			
				其他			
	自然环境	气象灾害	暴雨、暴雪	降水量(气象部门预警级别)			提档
		地震灾害	地震	监测			提档
		地质灾害	如崩塌、滑坡、泥石流、地裂缝等				提档
		海洋灾害	—				提档
		生物灾害	—				提档
		森林草原灾害					提档

续表

典型事故风险点	风险因子	要素	指标描述	特征值		现状描述	取值
熔融金属事故风险点	高危风险监测监控特征指标	冶金起重机械安全装置	监测监控系统报警、预警情况	制动器	报警值及报警频率		
				驱动装置	报警值及报警频率		
				上升极限保护	报警值及报警频率		
				起重量限制器	报警值及报警频率		
				超速保护	报警值及报警频率		
				失电保护	报警值及报警频率		
				视频监控	报警值及报警频率		
	安全生产基础管理动态指标	安全生产管理体系	安全保障(制度、人员、机构、教育培训、应急、隐患排查、风险管理、事故管理)	《冶金等工贸行业企业安全生产预警系统技术标准(试行)》			
	特殊时期指标	国家或地方重要活动					提档
		法定节假日					提档
		相关重特大事故发生后一段时间内					提档
	高危风险物联网指标	外部因素	国内外实时典型案例				提档
		内部因素	单元内各类高危风险物联网指标状态	实时在线监测			
				定位追溯			
				报警联动			
				调度指挥			
				预案管理			
				远程控制			
				安全防范			
				远程维保			
				在线升级			
				统计报表			
				决策支持			
				领导桌面			
				其他			
	自然环境	气象灾害	暴雨、暴雪	降水量(气象部门预警级别)			提档
		地震灾害	地震	监测			提档
		地质灾害	如崩塌、滑坡、泥石流、地裂缝等				提档
		海洋灾害	—				提档
		生物灾害	—				提档
		森林草原灾害	—				提档

续表

典型事故风险点	风险因子	要素	指标描述	特征值		现状描述	取值
煤气事故风险点	高危风险监测监控特征指标	软水密闭循环系统	监测监控系统报警、预警情况	冷却壁系统水量监测	报警值及报警频率		
				炉底系统水量监测	报警值及报警频率		
		高炉系统		炉身冷却壁温度监测	报警值及报警频率		
				炉腰冷却壁温度监测	报警值及报警频率		
				炉腹冷却壁温度监测	报警值及报警频率		
				炉缸内衬温度监测	报警值及报警频率		
				炉基温度监测	报警值及报警频率		
				风口平台区域CO含量监测	报警值及报警频率		
		热风炉		热风炉区域CO含量监测	报警值及报警频率		
				喷吹区域CO含量报警监测	报警值及报警频率		
		制粉烟气炉		制粉区域CO含量报警监测	报警值及报警频率		
		高炉煤气清洗系统		煤气管道稳压放散管燃烧放散探测监测	报警值及报警频率		
				生产过程安全联锁、报警监测	报警值及报警频率		
				高炉煤气清洗系统区域CO含量监测	报警值及报警频率		
		高炉煤气余压透平发电装置(TRT)		TRT区域CO含量报警监测	报警值及报警频率		
		视频监控系统		视频监控	报警值及报警频率		
	安全生产基础管理动态指标	安全生产管理体系	安全保障(制度、人员、机构、教育培训、应急、隐患排查、风险管理、事故管理)	《冶金等工贸行业企业安全生产预警系统技术标准(试行)》			
	特殊时期指标	国家或地方重要活动					提档
		法定节假日					提档
		相关重特大事故发生后一段时间内					提档

续表

典型事故风险点	风险因子	要素	指标描述	特征值		现状描述	取值
煤气事故风险点	高危风险物联网指标	外部因素	国内外实时典型案例				提档
		内部因素	单元内各类高危风险物联网指标状态	实时在线监测			
				定位追溯			
				报警联动			
				调度指挥			
				预案管理			
				远程控制			
				安全防范			
				远程维保			
				在线升级			
				统计报表			
				决策支持			
				领导桌面			
				其他			
	自然环境	气象灾害	暴雨、暴雪	降水量(气象部门预警级别)			提档
		地震灾害	地震	监测			提档
		地质灾害	如崩塌、滑坡、泥石流、地裂缝等				提档
		海洋灾害	—				提档
		生物灾害	—				提档
		森林草原灾害	—				提档
粉爆事故风险点	高危风险监测监控特征指标	制粉和喷吹设施	监测监控系统报警、预警情况	制粉布袋内部温度监测	报警值及报警频率		
				粉仓上下部温度监测	报警值及报警频率		
				磨机入口氧含量监测	报警值及报警频率		
				制粉布袋出口氧含量监测	报警值及报警频率		
				视频监控	报警值及报警频率		

续表

典型事故风险点	风险因子	要素	指标描述	特征值		现状描述	取值
	安全生产基础管理动态指标	安全生产管理体系	安全保障（制度、人员、机构、教育培训、应急、隐患排查、风险管理、事故管理）	《冶金等工贸行业企业安全生产预警系统技术标准（试行）》			
	特殊时期指标	国家或地方重要活动					提档
		法定节假日					提档
		相关重特大事故发生后一段时间内					提档
粉爆事故风险点	高危风险物联网指标	外部因素	国内外实时典型案例				提档
		内部因素	单元内各类高危风险物联网指标状态	实时在线监测			
				定位追溯			
				报警联动			
				调度指挥			
				预案管理			
				远程控制			
				安全防范			
				远程维保			
				在线升级			
				统计报表			
				决策支持			
				领导桌面			
				其他			
	自然环境	气象灾害	暴雨、暴雪	降水量（气象部门预警级别）			提档
		地震灾害	地震	监测			提档
		地质灾害	如崩塌、滑坡、泥石流、地裂缝等				提档
		海洋灾害	—				提档
		生物灾害	—				提档
		森林草原灾害	—				提档

三、炼钢单元

1. 炼钢单元"五高"固有风险指标

炼钢单元"五高"固有风险指标见附表 2-4。

附表 2-4　炼钢单元"五高"固有风险指标

典型事故风险点	风险因子	要素	指标描述	特征值		现状描述	取值
熔融金属事故风险点	高风险设备	转炉本体	本质安全化水平	危险隔离（替代）			
				故障安全	失误安全		
					失误风险		
				故障风险	失误安全		
					失误风险		
		冶金起重机械		危险隔离（替代）			
				故障安全	失误安全		
					失误风险		
				故障风险	失误安全		
					失误风险		
		LF 钢包精炼炉		危险隔离（替代）			
				故障安全	失误安全		
					失误风险		
				故障风险	失误安全		
					失误风险		
		RH 真空脱气装置		危险隔离（替代）			
				故障安全	失误安全		
					失误风险		
				故障风险	失误安全		
					失误风险		
		连铸机		危险隔离（替代）			
				故障安全	失误安全		
					失误风险		
				故障风险	失误安全		
					失误风险		
		炼钢水处理设施系统（连铸）		危险隔离（替代）			
				故障安全	失误安全		
					失误风险		
				故障风险	失误安全		
					失误风险		
		铁水罐、钢水罐、中间包（罐）		危险隔离（替代）			
				故障安全	失误安全		
					失误风险		
				故障风险	失误安全		
					失误风险		

续表

典型事故风险点	风险因子	要素	指标描述	特征值		现状描述	取值
熔融金属事故风险点	高风险工艺	转炉系统	监测监控设施完好水平	氧枪冷却水供水流量监测	失效率		
				氧枪冷却水排水流量监测	失效率		
				氧枪冷却水排水温度监测	失效率		
				氧枪卷扬张力检测与报警监测	失效率		
				转炉冷却水供排水流量监测	失效率		
				转炉冷却水供排水温度监测	失效率		
				副枪进出水流量报警	失效率		
				转炉倾动联锁控制	失效率		
				氧枪升降联锁控制	失效率		
				副枪升降联锁控制	失效率		
				氧枪口、原料口冷却水的回水压力监测	失效率		
		冶金起重机械		制动器	失效率		
				驱动装置	失效率		
				上升极限保护	失效率		
				起重量限制器	失效率		
				超速保护	失效率		
				失电保护	失效率		
		LF钢包精炼炉系统		冷却水进流量报警	失效率		
				冷却回水流量报警	失效率		
				冷却回水温度报警	失效率		
		RH真空脱气装置		设备冷却水的流量测量及报警	失效率		
				设备冷却水的温度测量及报警	失效率		
		连铸机系统		结晶器冷却事故水控制	失效率		
				二次冷却事故水控制	失效率		
				漏钢预报系统	失效率		
				安全水塔液位报警	失效率		
		视频监控系统		视频监控	失效率		

续表

典型事故风险点	风险因子	要素	指标描述	特征值		现状描述	取值
熔融金属事故风险点	高风险场所	铁水罐、钢水罐、中间包（罐）烘烤区	人员风险暴露	"人员风险暴露"根据事故风险模拟计算结果，暴露在事故影响范围内的所有人员（包含作业人员及周边可能存在的人员）			
		铁水预处理区					
		转炉炼钢区					
		连铸区					
		高温熔融金属影响区域					
	高风险物品	铁水	物质危险性	铁水危险物质特性指数			
		钢水		钢水危险物质特性指数			
		熔渣		熔渣危险物质特性指数			
	高风险作业	危险作业	高风险作业种类数	转炉停炉、洗炉、开炉作业			
				处理铸机漏钢事故作业			
				转炉烟罩清渣作业			
				转炉烟罩焊补作业			
		特种设备操作		锅炉作业			
				压力容器作业			
				压力管道作业			
				电梯作业			
				起重机械作业			
				场（厂）内专用机动车辆作业			
				金属焊接操作			
		特种作业		焊接与热切割作业			
				高处作业			
煤气事故风险点	高风险设备	转炉本体	本质安全化水平	危险隔离（替代）			
				故障安全	失误安全		
					失误风险		
				故障风险	失误安全		
					失误风险		
		煤气回收和风机房系统		危险隔离（替代）			
				故障安全	失误安全		
					失误风险		
				故障风险	失误安全		
					失误风险		

续表

典型事故风险点	风险因子	要素	指标描述	特征值		现状描述	取值
煤气事故风险点	高风险设备	RH真空脱气装置	本质安全化水平	危险隔离（替代）			
				故障安全	失误安全		
					失误风险		
				故障风险	失误安全		
					失误风险		
		中间包烘烤装置		危险隔离（替代）			
				故障安全	失误安全		
					失误风险		
				故障风险	失误安全		
					失误风险		
		钢包烘烤装置		危险隔离（替代）			
				故障安全	失误安全		
					失误风险		
				故障风险	失误安全		
					失误风险		
	高风险工艺	转炉系统	监测监控设施完好水平	转炉各层平台CO浓度监测	失效率		
				转炉中控室区域CO浓度监测	失效率		
		煤气回收和风机房系统		风机房CO浓度监测	失效率		
				风机后煤气中氧含量报警	失效率		
				转炉煤气水封液位指示、报警、联锁	失效率		
				煤气放散点火监控	失效率		
		RH真空脱气装置		区域CO浓度监测	失效率		
		中间包烘烤装置		区域CO浓度报警	失效率		
				烘烤装置熄火报警、联锁	失效率		
		钢包烘烤装置		区域CO浓度报警	失效率		
				烘烤装置熄火报警、联锁	失效率		
		视频监控系统		视频监控	失效率		

续表

典型事故风险点	风险因子	要素	指标描述	特征值		现状描述	取值
煤气事故风险点	高风险场所	转炉煤气风机房	人员风险暴露	"人员风险暴露"根据事故风险模拟计算结果,暴露在事故影响范围内的所有人员(包含作业人员及周边可能存在的人员)			
		其他煤气影响区域					
	高风险物品	煤气(转炉煤气、焦炉煤气)	物质危险性	煤气危险物质特性指数			
	高风险作业	危险作业	高风险作业种类数	OG(风机房)检修作业			
				污水槽抽堵盲板作业			
				煤气管道(冲洗、更换、停送)检修作业			
				有限空间作业			
				危险区域动火作业			
				金属焊接操作			
		特种设备操作人员		电工作业			
				焊接与热切割作业			
		特种作业人员		高处作业			
				煤气作业			

2. 炼钢单元"五高"动态风险指标

炼钢单元"五高"动态风险指标见附表 2-5。

附表 2-5　炼钢单元"五高"动态风险指标

典型事故风险点	风险因子	要素	指标描述	特征值		现状描述	取值
熔融金属事故风险点	高危风险监测监控特征指标	转炉系统	监测监控系统报警、预警情况	氧枪冷却水供水流量监测	报警值及报警频率		
				氧枪冷却水排水流量监测	报警值及报警频率		
				氧枪冷却水排水温度监测	报警值及报警频率		
				氧枪卷扬张力检测与报警监测	报警值及报警频率		
				转炉冷却水供排水流量监测	报警值及报警频率		
				转炉冷却水供排水温度监测	报警值及报警频率		

续表

典型事故风险点	风险因子	要素	指标描述	特征值		现状描述	取值
熔融金属事故风险点	高危风险监测监控特征指标	转炉系统	监测监控系统报警、预警情况	副枪进出水流量报警	报警值及报警频率		
				转炉倾动联锁控制	报警值及报警频率		
				氧枪升降联锁控制	报警值及报警频率		
				副枪升降联锁控制	报警值及报警频率		
				氧枪口、原料口冷却水的回水压力监测	报警值及报警频率		
		冶金起重机械		制动器	报警值及报警频率		
				驱动装置	报警值及报警频率		
				上升极限保护	报警值及报警频率		
				起重量限制器	报警值及报警频率		
				超速保护	报警值及报警频率		
				失电保护	报警值及报警频率		
		LF钢包精炼炉系统		冷却进水流量报警	报警值及报警频率		
				冷却回水流量报警	报警值及报警频率		
				冷却回水温度报警	报警值及报警频率		
		RH真空脱气装置		设备冷却水的流量测量及报警	报警值及报警频率		
				设备冷却水的温度测量及报警	报警值及报警频率		
		连铸机系统		结晶器冷却事故水控制	报警值及报警频率		
				二次冷却事故水控制	报警值及报警频率		
				漏钢预报系统	报警值及报警频率		
				安全水塔液位报警	报警值及报警频率		
		视频监控系统		视频监控	报警值及报警频率		

续表

典型事故风险点	风险因子	要素	指标描述	特征值		现状描述	取值
熔融金属事故风险点	安全生产基础管理动态指标	安全生产管理体系	安全保障(制度、人员、机构、教育培训、应急、隐患排查、风险管理、事故管理)	事故隐患等级/分档			
		现场管理	设备设施	事故隐患等级/分档			
			作业行为	事故隐患等级/分档			
	特殊时期指标	国家或地方重要活动					提档
		法定节假日					提档
		相关重特大事故发生后一段时间内					提档
	高危风险物联网指标	外部因素	国内外实时典型案例				提档
		内部因素	单元内各类高危风险物联网指标状态	实时在线监测			
				定位追溯			
				报警联动			
				调度指挥			
				预案管理			
				远程控制			
				安全防范			
				远程维保			
				在线升级			
				统计报表			
				决策支持			
				领导桌面			
				其他			
	自然环境	气象灾害	暴雨、暴雪	降水量(气象部门预警级别)			提档
		地震灾害	地震	监测			提档
		地质灾害	如崩塌、滑坡、泥石流、地裂缝等				提档
		海洋灾害	—				提档
		生物灾害	—				提档
		森林草原灾害	—				提档

续表

典型事故风险点	风险因子	要素	指标描述	特征值		现状描述	取值
煤气事故风险点	高危风险监测监控特征指标	转炉系统	监测监控设施完好水平	转炉各层平台CO浓度监测	报警值及报警频率		
				转炉中控室区域CO浓度监测	报警值及报警频率		
		煤气回收和风机房系统		风机房CO浓度监测	报警值及报警频率		
				风机后煤气中氧含量报警	报警值及报警频率		
				转炉煤气水封液位指示、报警、联锁	报警值及报警频率		
				煤气放散点火监控	报警值及报警频率		
		RH真空脱气装置中间包烘烤装置		区域CO浓度监测	报警值及报警频率		
				区域CO浓度报警	报警值及报警频率		
				烘烤装置熄火报警、联锁	报警值及报警频率		
		钢包烘烤装置		区域CO浓度报警	报警值及报警频率		
				烘烤装置熄火报警、联锁	报警值及报警频率		
		视频监控系统		视频监控	报警值及报警频率		
	安全生产基础管理动态指标	安全生产管理体系	安全保障（制度、人员、机构、教育培训、应急、隐患排查、风险管理、事故管理）	事故隐患等级/分档			
		现场管理	设备设施	事故隐患等级/分档			
			作业行为	事故隐患等级/分档			
	特殊时期指标	国家或地方重要活动					提档
		法定节假日					提档
		相关重特大事故发生后一段时间内					提档
	高危风险物联网指标	外部因素	国内外实时典型案例				提档
		内部因素	单元内各类高危风险物联网指标状态	实时在线监测			
				定位追溯			
				报警联动			
				调度指挥			

续表

典型事故风险点	风险因子	要素	指标描述	特征值		现状描述	取值
煤气事故风险点	高危风险物联网指标	内部因素	单元内各类高危风险物联网指标状态	预案管理			
				远程控制			
				安全防范			
				远程维保			
				在线升级			
				统计报表			
				决策支持			
				领导桌面			
				其他			
	自然环境	气象灾害	暴雨、暴雪	降水量(气象部门预警级别)			提档
		地震灾害	地震	监测			提档
		地质灾害	如崩塌、滑坡、泥石流、地裂缝等				提档
		海洋灾害	—				提档
		生物灾害	—				提档
		森林草原灾害	—				提档

四、黑色金属铸造单元

1. 高炉铸造生铁子单元

(1)高炉铸造生铁单元"五高"固有风险指标(附表 2-6)。

附表 2-6　高炉铸造生铁子单元"五高"固有风险指标

风险点	风险因子	要素	指标描述	特征值	现状描述	取值
高炉坍塌事故风险点		(同炼铁单元)				

续表

风险点	风险因子	要素	指标描述	特征值		现状描述	取值
熔融金属事故风险点	高风险设备	（同炼铁单元）					
		铸铁机	本质安全化水平	危险隔离（替代）			
				故障安全	失误安全		
					失误风险		
				故障风险	失误安全		
					失误风险		
	高风险工艺	铸铁机安全装置	监测监控完好水平	倾翻机构限位装置	失效率		
				溢流槽、事故罐等应急设施	失效率		
				铁水罐启动速度监测（倾翻控制、铁流控制）	失效率		
				链带运行速度监测	失效率		
				冷却水流量监测	失效率		
				生产过程安全联锁、报警监测	失效率		
	高风险场所	铸铁机区域	人员风险暴露	"人员风险暴露"根据事故风险模拟计算结果，暴露在事故影响范围内的所有人员（包含作业人员及周边可能存在的人员）			
	高风险物品	铁水	物质危险性	铁水危险物质特性指数			
	高风险作业	危险作业	高风险作业种类数	铸造作业			
煤气事故风险点		（同炼铁单元）					
粉爆事故风险点		（同炼铁单元）					

（2）高炉铸造生铁单元"五高"动态风险指标（附表 2-7）。

附表 2-7 高炉铸造生铁子单元"五高"动态风险指标

典型事故风险点	风险因子	要素	指标描述	特征值		现状描述	取值
熔融金属事故风险点	高危风险监测监控特征指标	铸铁机安全装置	监测监控系统报警、预警情况	驱动装置	报警值及报警频率		
				冷却水流量	报警值及报警频率		
				视频监控	报警值及报警频率		
	安全生产基础管理动态指标	安全生产管理体系	安全保障（制度、人员、机构、教育培训、应急、隐患排查、风险管理、事故管理）	事故隐患等级/分档			
		现场管理	设备设施	事故隐患等级/分档			
			作业行为	事故隐患等级/分档			
	特殊时期指标	国家或地方重要活动					提档
		法定节假日					提档
		相关重特大事故发生后一段时间内					提档
	高危风险物联网指标	外部因素	国内外实时典型案例				提档
		内部因素	单元内各类高危风险物联网指标状态	实时在线监测			
				定位追溯			
				报警联动			
				调度指挥			
				预案管理			
				远程控制			
				安全防范			
				远程维保			
				在线升级			
				统计报表			
				决策支持			
				领导桌面			
				其他			
	自然环境	气象灾害	暴雨、暴雪	降水量（气象部门预警级别）			提档
		地震灾害	地震	监测			提档
		地质灾害	如崩塌、滑坡、泥石流、地裂缝等				提档
		海洋灾害	—				提档
		生物灾害	—				提档
		森林草原灾害	—				提档

2. 模铸子单元

（1）模铸子单元"五高"固有风险指标（附表 2-8）。

附表 2-8　模铸子单元"五高"固有风险指标

风险点	风险因子	要素	指标描述	特征值		现状描述	取值
熔融金属事故风险点	高风险设备	浇铸车	本质安全化水平	危险隔离（替代）			
				故障安全	失误安全		
					失误风险		
				故障风险	失误安全		
					失误风险		
		冶金起重机械	本质安全化水平	危险隔离（替代）			
				故障安全	失误安全		
					失误风险		
				故障风险	失误安全		
					失误风险		
	高风险工艺	浇铸车安全装置	监测监控完好水平	浇铸速度监测	失效率		
				浇铸液位监测	失效率		
				金属模铸坑积水监测	失效率		
				事故盆等应急设施	失效率		
				生产过程安全联锁、报警监测	失效率		
		冶金起重机械安全装置	监测监控完好水平	制动器	失效率		
				驱动装置	失效率		
				上升极限保护	失效率		
				起重量限制器	失效率		
				超速保护	失效率		
				失电保护	失效率		
	高风险场所	浇铸区域	人员风险暴露	"人员风险暴露"根据事故风险模拟计算结果，暴露在事故影响范围内的所有人员（包含作业人员及周边可能存在的人员）			
		铁水吊装区域					
	高风险物品	铁水	物质危险性	铁水危险物质特性指数			
	高风险作业	危险作业	高风险作业种类数	模铸作业			
		特种设备操作		起重机械作业			

（2）模铸单元"五高"动态风险指标，见附表 2-9。

附表 2-9　模铸子单元"五高"动态风险指标

典型事故风险点	风险因子	要素	指标描述	特征值		现状描述	取值
熔融金属事故风险点	高危风险监测监控特征指标	浇铸车安全装置	监测监控系统报警、预警情况	浇铸液位监测	报警值及报警频率		
				视频监控	报警值及报警频率		
		冶金起重机械安全装置	监测监控系统报警、预警情况	制动器	报警值及报警频率		
				驱动装置	报警值及报警频率		
				上升极限保护	报警值及报警频率		
				起重量限制器	报警值及报警频率		
				超速保护	报警值及报警频率		
				失电保护	报警值及报警频率		
				视频监控	报警值及报警频率		
	安全生产基础管理动态指标	安全生产管理体系	安全保障（制度、人员、机构、教育培训、应急、隐患排查、风险管理、事故管理）	事故隐患等级/分档			
		现场管理	设备设施	事故隐患等级/分档			
			作业行为	事故隐患等级/分档			
	特殊时期指标	国家或地方重要活动					提档
		法定节假日					提档
		相关重特大事故发生后一段时间内					提档
	高危风险物联网指标	外部因素	国内外实时典型案例				提档
		内部因素	单元内各类高危风险物联网指标状态	实时在线监测			
				定位追溯			
				报警联动			
				调度指挥			
				预案管理			
				远程控制			
				安全防范			
				远程维保			
				在线升级			
				统计报表			
				决策支持			
				领导桌面			
				其他			

续表

典型事故风险点	风险因子	要素	指标描述	特征值	现状描述	取值
熔融金属事故风险点	自然环境	气象灾害	暴雨、暴雪	降水量(气象部门预警级别)		提档
		地震灾害	地震	监测		提档
		地质灾害	如崩塌、滑坡、泥石流、地裂缝等			提档
		海洋灾害	—			提档
		生物灾害				提档
		森林草原灾害	—			提档

3. 重熔铸造子单元

(1) 重熔铸造子单元"五高"固有风险指标,见附表 2-10。

附表 2-10　重熔铸造子单元"五高"固有风险指标

风险点	风险因子	要素	指标描述	特征值		现状描述	取值
熔融金属事故风险点	高风险设备	重熔炉	本质安全化水平	危险隔离(替代)			
				故障安全	失误安全		
					失误风险		
				故障风险	失误安全		
					失误风险		
	高风险工艺	重熔炉安全装置	监测监控完好水平	重要冷却回路上,如结晶器、底盘和电击夹持器的温度测量	失效率		
				重要冷却回路上,如结晶器、底盘和电击夹持器的流量监视	失效率		
	高风险场所	重熔铸造区域	人员风险暴露	"人员风险暴露"根据事故风险模拟计算结果,暴露在事故影响范围内的所有人员(包含作业人员及周边可能存在的人员)			
	高风险物品	铁水	物质危险性	铁水危险物质特性指数			
	高风险作业	危险作业	高风险作业种类数	重熔铸造作业			

（2）重熔铸造子单元"五高"动态风险指标，见附表 2-11。

附表 2-11   重熔铸造子单元"五高"动态风险指标

典型事故风险点	风险因子	要素	指标描述	特征值		现状描述	取值
熔融金属事故风险点	高危风险监测监控特征指标	重熔炉安全装置	监测监控系统报警、预警情况	重要冷却回路上，如结晶器、底盘和电击夹持器的温度测量	报警值及报警频率		
				重要冷却回路上，如结晶器、底盘和电击夹持器的流量监视	报警值及报警频率		
				视频监控	报警值及报警频率		
	安全生产基础管理动态指标	安全生产管理体系	安全保障（制度、人员、机构、教育培训、应急、隐患排查、风险管理、事故管理）	事故隐患等级/分档			
		现场管理	设备设施	事故隐患等级/分档			
			作业行为	事故隐患等级/分档			
	特殊时期指标	国家或地方重要活动					提档
		法定节假日					提档
		相关重特大事故发生后一段时间内					提档
	高危风险物联网指标	外部因素	国内外实时典型案例				提档
		内部因素	单元内各类高危风险物联网指标状态	实时在线监测			
				定位追溯			
				报警联动			
				调度指挥			
				预案管理			
				远程控制			
				安全防范			
				远程维保			
				在线升级			
				统计报表			
				决策支持			
				领导桌面			
				其他			

典型事故风险点	风险因子	要素	指标描述	特征值		现状描述	取值
熔融金属事故风险点	自然环境	气象灾害	暴雨、暴雪	降水量(气象部门预警级别)			提档
		地震灾害	地震	监测			提档
		地质灾害	如崩塌、滑坡、泥石流、地裂缝等				提档
		海洋灾害	—				提档
		生物灾害	—				提档
		森林草原灾害	—				提档

五、铁合金冶炼单元

1. 高炉法冶炼子单元

(1) 高炉法冶炼子单元"五高"动态风险指标,见附表 2-12。

附表 2-12 高炉法冶炼子单元"五高"固有风险指标

典型事故风险点	风险因子	要素	指标描述	特征值		现状描述	取值
高炉坍塌事故风险点	高风险设备	高炉本体	本质安全化水平	危险隔离(替代)			
				故障安全	失误安全		
					失误风险		
				故障风险	失误安全		
					失误风险		
	高风险工艺	软水密闭循环系统	监测监控设施完好水平	冷却壁系统水量监测	失效率		
				炉底系统水量监测	失效率		
		高炉系统		炉身冷却壁温度监测	失效率		
				炉腰冷却壁温度监测	失效率		
				炉腹冷却壁温度监测	失效率		
				炉缸内衬温度监测	失效率		
				炉基温度监测	失效率		
				视频监控	失效率		
	高风险场所	高炉区域	人员风险暴露	"人员风险暴露"根据事故风险模拟计算结果,暴露在事故影响范围内的所有人员(包含作业人员及周边可能存在的人员)			

续表

典型事故风险点	风险因子	要素	指标描述	特征值		现状描述	取值
高炉坍塌事故风险点	高风险物品	铁水	物质危险性	铁水危险物质特性指数			
		高温炉料		高温炉料危险物质特性指数			
	高风险作业	危险作业	高风险作业种类数	高炉分配器排枪堵塞作业数量			
		特种设备操作		电梯作业			
				起重机械作业			
				场(厂)内专用机动车辆作业			
				金属焊接操作			
		特种作业		电工作业			
				高处作业			
熔融金属事故风险点	高风险设备	冶金起重机械	本质安全化水平	危险隔离(替代)			
				故障安全	失误安全		
					失误风险		
				故障风险	失误安全		
					失误风险		
		盛装铁水与液渣的罐(包、盆)等容器		危险隔离(替代)			
				故障安全	失误安全		
					失误风险		
				故障风险	失误安全		
					失误风险		
	高风险工艺	冶金起重机械安全装置	监测监控设施完好水平	制动器	失效率		
				驱动装置	失效率		
				上升极限保护	失效率		
				起重量限制器	失效率		
				超速保护	失效率		
				失电保护	失效率		
				视频监控	失效率		
	高风险场所	渣、铁罐准备区	人员风险暴露	"人员风险暴露"根据事故风险模拟计算结果,暴露在事故影响范围内的所有人员(包含作业人员及周边可能存在的人员)			
		高温熔融金属影响区域					
	高风险物品	铁水	物质危险性	铁水危险物质特性指数			
		熔渣		熔渣危险物质特性指数			
	高风险作业	危险作业	高风险作业种类数	高炉分配器排枪堵塞作业			
		特种设备操作		起重机械作业			
				场(厂)内专用机动车辆作业			
				金属焊接操作			
		特种作业		电工作业			

续表

典型事故风险点	风险因子	要素	指标描述	特征值		现状描述	取值
煤气事故风险点	高风险设备设施	高炉本体	本质安全化水平	危险隔离（替代）			
				故障安全	失误安全		
					失误风险		
				故障风险	失误安全		
					失误风险		
		热风炉		危险隔离（替代）			
				故障安全	失误安全		
					失误风险		
				故障风险	失误安全		
					失误风险		
		制粉烟气炉		危险隔离（替代）			
				故障安全	失误安全		
					失误风险		
				故障风险	失误安全		
					失误风险		
		高炉煤气清洗系统		危险隔离（替代）			
				故障安全	失误安全		
					失误风险		
				故障风险	失误安全		
					失误风险		
		高炉煤气余压透平发电装置（TRT）		危险隔离（替代）			
				故障安全	失误安全		
					失误风险		
				故障风险	失误安全		
					失误风险		
	高风险工艺	软水密闭循环系统	监测监控设施完好水平	冷却壁系统水量监测	失效率		
		高炉系统		炉底系统水量监测	失效率		
				炉身冷却壁温度监测	失效率		
				炉腰冷却壁温度监测	失效率		
				炉腹冷却壁温度监测	失效率		
				炉缸内衬温度监测	失效率		
				炉基温度监测	失效率		
		热风炉		风口平台区域CO含量监测	失效率		
				热风炉区域CO含量监测	失效率		
		制粉烟气炉		喷吹区域CO含量报警监测	失效率		
				制粉区域CO含量报警监测	失效率		

续表

典型事故风险点	风险因子	要素	指标描述	特征值		现状描述	取值
煤气事故风险点	高风险工艺	高炉煤气清洗系统	监测监控设施完好水平	煤气管道稳压放散管燃烧放散探测监测	失效率		
				生产过程安全联锁、报警监测	失效率		
				高炉煤气清洗系统区域CO含量监测	失效率		
		高炉煤气余压透平发电装置(TRT)		TRT区域CO含量报警监测	失效率		
		视频监控系统		视频监控	失效率		
	高风险场所	高炉区域	人员风险暴露	"人员风险暴露"根据事故风险模拟计算结果,暴露在事故影响范围内的所有人员(包含作业人员及周边可能存在的人员)			
		热风炉区域					
		其他煤气影响区域					
	高风险物品	煤气(荒煤气、高炉煤气)	物质危险性	煤气危险物质特性指数			
	高风险作业	危险作业	高风险作业种类数	危险区域动火作业			
				有限空间作业			
		特种设备操作		压力管道作业			
				金属焊接操作			
		特种作业		电工作业			
				焊接与热切割作业			
				煤气作业			
粉爆事故风险点	高风险设备	制粉和喷吹设施	本质安全化水平	危险隔离(替代)			
				故障安全	失误安全		
					失误风险		
				故障风险	失误安全		
					失误风险		
	高风险工艺	制粉和喷吹设施	监测监控设施完好水平	制粉布袋内部温度监测	失效率		
				粉仓上下部温度监测	失效率		
				磨机入口氧含量监测	失效率		
				制粉布袋出口氧含量监测	失效率		
				视频监控	失效率		
	高风险场所	煤粉喷吹区域	人员风险暴露	"人员风险暴露"根据事故风险模拟计算结果,暴露在事故影响范围内的所有人员(包含作业人员及周边可能存在的人员)			
		制粉区域					
		储存区域					
	高风险物品	煤粉	物质危险性	煤粉危险物质特性指数			
	高风险作业	危险作业	高风险作业种类数	危险区域动火作业			
		特种设备操作		起重机械作业			
				金属焊接操作			
				电工作业			
		特种作业		焊接与热切割作业			
				高处作业			

（2）高炉法冶炼子单元"五高"动态风险指标，见附表 2-13。

附表 2-13　高炉法冶炼子单元"五高"动态风险指标

典型事故风险点	风险因子	要素	指标描述	特征值		现状描述	取值
高炉坍塌事故风险点	高危风险监测监控特征指标	软水密闭循环系统	监测监控系统报警、预警情况	冷却壁系统水量监测	报警值及报警频率		
				炉底系统水量监测	报警值及报警频率		
		高炉系统		炉身冷却壁温度监测	报警值及报警频率		
				炉腰冷却壁温度监测	报警值及报警频率		
				炉腹冷却壁温度监测	报警值及报警频率		
				炉缸内衬温度监测	报警值及报警频率		
				炉基温度监测	报警值及报警频率		
				视频监控	报警值及报警频率		
	安全生产基础管理动态指标	安全生产管理体系	安全保障（制度、人员、机构、教育培训、应急、隐患排查、风险管理、事故管理）	《冶金等工贸行业企业安全生产预警系统技术标准（试行）》			
	特殊时期指标	国家或地方重要活动					提档
		法定节假日					提档
		相关重大事故发生后一段时间内					提档
	高危风险物联网指标	外部因素	国内外实时典型案例				提档
		内部因素	单元内各类高危风险物联网指标状态	实时在线监测			
				定位追溯			
				报警联动			
				调度指挥			
				预案管理			
				远程控制			
				安全防范			
				远程维保			
				在线升级			
				统计报表			
				决策支持			
				领导桌面			
				其他			

典型事故风险点	风险因子	要素	指标描述	特征值		现状描述	取值
高炉坍塌事故风险点	自然环境	气象灾害	暴雨、暴雪	降水量(气象部门预警级别)			提档
		地震灾害	地震	监测			提档
		地质灾害	如崩塌、滑坡、泥石流、地裂缝等				提档
		海洋灾害	—				提档
		生物灾害	—				提档
		森林草原灾害	—				提档
熔融金属事故风险点	高危风险监测监控特征指标	冶金起重机械安全装置	监测监控系统报警、预警情况	制动器	报警值及报警频率		
				驱动装置	报警值及报警频率		
				上升极限保护	报警值及报警频率		
				起重量限制器	报警值及报警频率		
				超速保护	报警值及报警频率		
				失电保护	报警值及报警频率		
				视频监控	报警值及报警频率		
	安全生产基础管理动态指标	安全生产管理体系	安全保障(制度、人员、机构、教育培训、应急、隐患排查、风险管理、事故管理)	《冶金等工贸行业企业安全生产预警系统技术标准(试行)》			
	特殊时期指标	国家或地方重要活动					提档
		法定节假日					提档
		相关重特大事故发生后一段时间内					提档
		外部因素	国内外实时典型案例				提档
	高危风险物联网指标	内部因素	单元内各类高危风险物联网指标状态	实时在线监测			
				定位追溯			
				报警联动			
				调度指挥			
				预案管理			
				远程控制			
				安全防范			
				远程维保			
				在线升级			
				统计报表			
				决策支持			
				领导桌面			
				其他			

续表

典型事故风险点	风险因子	要素	指标描述	特征值		现状描述	取值
熔融金属事故风险点	自然环境	气象灾害	暴雨、暴雪	降水量(气象部门预警级别)			提档
		地震灾害	地震	监测			提档
		地质灾害	如崩塌、滑坡、泥石流、地裂缝等				提档
		海洋灾害	—				提档
		生物灾害	—				提档
		森林草原灾害	—				提档
煤气事故风险点	高危风险监测监控特征指标	软水密闭循环系统	监测监控系统报警、预警情况	冷却壁系统水量监测	报警值及报警频率		
				炉底系统水量监测	报警值及报警频率		
		高炉系统		炉身冷却壁温度监测	报警值及报警频率		
				炉腰冷却壁温度监测	报警值及报警频率		
				炉腹冷却壁温度监测	报警值及报警频率		
				炉缸内衬温度监测	报警值及报警频率		
				炉基温度监测	报警值及报警频率		
				风口平台区域CO含量监测	报警值及报警频率		
		热风炉		热风炉区域CO含量监测	报警值及报警频率		
				喷吹区域CO含量报警监测	报警值及报警频率		
		制粉烟气炉		制粉区域CO含量报警监测	报警值及报警频率		
		高炉煤气清洗系统		煤气管道稳压放散管燃烧放散探测监测	报警值及报警频率		
				生产过程安全联锁、报警监测	报警值及报警频率		
				高炉煤气清洗系统区域CO含量监测	报警值及报警频率		
		高炉煤气余压透平发电装置(TRT)		TRT区域CO含量报警监测	报警值及报警频率		
		视频监控系统		视频监控	报警值及报警频率		

续表

典型事故风险点	风险因子	要素	指标描述	特征值		现状描述	取值
煤气事故风险点	安全生产基础管理动态指标	安全生产管理体系	安全保障（制度、人员、机构、教育培训、应急、隐患排查、风险管理、事故管理）	《冶金等工贸行业企业安全生产预警系统技术标准（试行）》			
	特殊时期指标	国家或地方重要活动					提档
		法定节假日					提档
		相关重特大事故发生后一段时间内					提档
	高危风险物联网指标	外部因素	国内外实时典型案例				提档
		内部因素	单元内各类高危风险物联网指标状态	实时在线监测			
				定位追溯			
				报警联动			
				调度指挥			
				预案管理			
				远程控制			
				安全防范			
				远程维保			
				在线升级			
				统计报表			
				决策支持			
				领导桌面			
				其他			
	自然环境	气象灾害	暴雨、暴雪	降水量（气象部门预警级别）			提档
		地震灾害	地震	监测			提档
		地质灾害	如崩塌、滑坡、泥石流、地裂缝等				提档
		海洋灾害	—				提档
		生物灾害	—				提档
		森林草原灾害	—				提档
粉爆事故风险点	高危风险监测监控特征指标	制粉和喷吹设施	监测监控系统报警、预警情况	制粉布袋内部温度监测	报警值及报警频率		
				粉仓上下部温度监测	报警值及报警频率		
				磨机入口氧含量监测	报警值及报警频率		
				制粉布袋出口氧含量监测	报警值及报警频率		
				视频监控	报警值及报警频率		

续表

典型事故风险点	风险因子	要素	指标描述	特征值		现状描述	取值
粉爆事故风险点	安全生产基础管理动态指标	安全生产管理体系	安全保障（制度、人员、机构、教育培训、应急、隐患排查、风险管理、事故管理）	《冶金等工贸行业企业安全生产预警系统技术标准（试行）》			
	特殊时期指标	国家或地方重要活动					提档
		法定节假日					提档
		相关重特大事故发生后一段时间内					提档
	高危风险物联网指标	外部因素	国内外实时典型案例				提档
		内部因素	单元内各类高危风险物联网指标状态	实时在线监测			
				定位追溯			
				报警联动			
				调度指挥			
				预案管理			
				远程控制			
				安全防范			
				远程维保			
				在线升级			
				统计报表			
				决策支持			
				领导桌面			
				其他			
	自然环境	气象灾害	暴雨、暴雪	降水量（气象部门预警级别）			提档
		地震灾害	地震	监测			提档
		地质灾害	如崩塌、滑坡、泥石流、地裂缝等				提档
		海洋灾害	——				提档
		生物灾害	——				提档
		森林草原灾害	——				提档

2. 电炉法冶炼子单元

（1）电炉法冶炼子单元"五高"固有风险指标，见附表 2-14。

附表 2-14　电炉法冶炼子单元"五高"固有风险指标

风险点	风险因子	要素	指标描述	特征值		现状描述	取值
熔融金属事故风险点	高风险设备	电炉	本质安全化水平	危险隔离（替代）			
				故障安全	失误安全		
					失误风险		
				故障风险	失误安全		
					失误风险		
	高风险工艺	电炉安全装置	监测监控完好水平	冷却水流量、温度监测	失效率		
				倾炉装置是与电极升降装置互锁	失效率		
				封闭电炉设置泄爆孔	失效率		
	高风险场所	电炉区域	人员风险暴露	"人员风险暴露"根据事故风险模拟计算结果，暴露在事故影响范围内的所有人员（包含作业人员及周边可能存在的人员）			
	高风险物品	铁水	物质危险性	铁水危险物质特性指数			
	高风险作业	危险作业	高风险作业种类数	电炉作业			

（2）电炉法冶炼子单元"五高"动态风险指标，见附表 2-15。

附表 2-15　电炉法冶炼子单元"五高"动态风险指标

典型事故风险点	风险因子	要素	指标描述	特征值		现状描述	取值
熔融金属事故风险点	高危风险监测监控特征指标	电炉安全装置	监测监控系统报警、预警情况	冷却水流量监测	报警值及报警频率		
				冷却水温度监测	报警值及报警频率		
				视频监控	报警值及报警频率		
		冶金起重机械安全装置	监测监控系统报警、预警情况	制动器	报警值及报警频率		
				驱动装置	报警值及报警频率		
				上升极限保护	报警值及报警频率		
				起重量限制器	报警值及报警频率		
				超速保护	报警值及报警频率		
				失电保护	报警值及报警频率		
				视频监控	报警值及报警频率		

续表

典型事故风险点	风险因子	要素	指标描述	特征值		现状描述	取值
熔融金属事故风险点	安全生产基础管理动态指标	安全生产管理体系	安全保障（制度、人员、机构、教育培训、应急、隐患排查、风险管理、事故管理）	事故隐患等级/分档			
		现场管理	设备设施	事故隐患等级/分档			
			作业行为	事故隐患等级/分档			
	特殊时期指标	国家或地方重要活动					提档
		法定节假日					提档
		相关重特大事故发生后一段时间内					提档
	高危风险物联网指标	外部因素	国内外实时典型案例				提档
		内部因素	单元内各类高危风险物联网指标状态	实时在线监测			
				定位追溯			
				报警联动			
				调度指挥			
				预案管理			
				远程控制			
				安全防范			
				远程维保			
				在线升级			
				统计报表			
				决策支持			
				领导桌面			
				其他			
	自然环境	气象灾害	暴雨、暴雪	降水量（气象部门预警级别）			提档
		地震灾害	地震	监测			提档
		地质灾害	如崩塌、滑坡、泥石流、地裂缝等				提档
		海洋灾害	——				提档
		生物灾害	——				提档
		森林草原灾害	——				提档

3. 氧气转炉法冶炼子单元

（1）氧气转炉法冶炼子单元"五高"固有风险指标，见附表 2-16。

附表 2-16   氧气转炉法冶炼子单元"五高"固有风险指标

典型事故风险点	风险因子	要素	指标描述	特征值		现状描述	取值
熔融金属事故风险点	高风险设备	转炉本体	水质安全化水平	危险隔离（替代）			
				故障安全	失误安全		
					失误风险		
				故障风险	失误安全		
					失误风险		
		冶金起重机械		危险隔离（替代）			
				故障安全	失误安全		
					失误风险		
				故障风险	失误安全		
					失误风险		
		LF 钢包精炼炉		危险隔离（替代）			
				故障安全	失误安全		
					失误风险		
				故障风险	失误安全		
					失误风险		
		RH 真空脱气装置		危险隔离（替代）			
				故障安全	失误安全		
					失误风险		
				故障风险	失误安全		
					失误风险		
		连铸机		危险隔离（替代）			
				故障安全	失误安全		
					失误风险		
				故障风险	失误安全		
					失误风险		

续表

典型事故风险点	风险因子	要素	指标描述	特征值		现状描述	取值
熔融金属事故风险点	高风险设备	炼钢水处理设施系统（连铸）		危险隔离（替代）			
				故障安全	失误安全		
					失误风险		
				故障风险	失误安全		
					失误风险		
		铁罐水、钢水槽、中间包（罐）		危险隔离（替代）			
				故障安全	失误安全		
					失误风险		
				故障风险	失误安全		
					失误风险		
	高风险工艺	转炉系统	监测监控设施完好水平	氧枪冷却水供水流量监测	失效率		
				氧枪冷却水排水流量监测	失效率		
				氧枪冷却水排水温度监测	失效率		
				氧枪卷扬张力检测与报警监测	失效率		
				转炉冷却水供排水流量监测	失效率		
				转炉冷却水供排水温度监测	失效率		
				副枪进出水流量报警	失效率		
				转炉倾动联锁控制	失效率		
				氧枪升降联锁控制	失效率		
				副枪升降联锁控制	失效率		
				氧枪口、原料口冷却水的回水压力监测	失效率		
		冶金起重机械		制动器	失效率		
				驱动装置	失效率		
				上升极限保护	失效率		
				起重量限制器	失效率		
				超速保护	失效率		
				失电保护	失效率		

典型事故风险点	风险因子	要素	指标描述	特征值		现状描述	取值
熔融金属事故风险点	高风险工艺	LF 钢包精炼炉系统	监测监控设施完好水平	冷却进水流量报警	失效率		
				冷却回水流量报警	失效率		
				冷却回水温度报警	失效率		
		RH 真空脱气装置		设备冷却水的流量测量及报警	失效率		
				设备冷却水的温度测量及报警	失效率		
		连铸机系统		结晶器冷却事故水控制	失效率		
				二次冷却事故水控制	失效率		
				漏钢预报系统	失效率		
				安全水塔液位报警	失效率		
		视频监控系统		视频监控	失效率		
	高风险场所	铁水罐、钢水罐、中间包(罐)烘烤区	人员风险暴露	"人员风险暴露"根据事故风险模拟计算结果,暴露在事故影响范围内的所有人员(包含作业人员及周边可能存在的人员)			
		铁水预处理区					
		转炉炼钢区					
		连铸区					
		高温熔融金属影响区域					
	高风险物品	铁水	物质危险性	铁水危险物质特性指数			
		钢水		钢水危险物质特性指数			
		熔渣		熔渣危险物质特性指数			
	高风险作业	危险作业	高风险作业种类数	转炉停炉、洗炉、开炉作业			
				处理铸机漏钢事故作业			
				转炉烟罩清渣作业			
				转炉烟罩焊补作业			
		特种设备操作		锅炉作业			
				压力容器作业			
				压力管道作业			
				电梯作业			
				起重机械作业			
				场(厂)内专用机动车辆作业			
		特种作业		金属焊接操作			
				焊接与热切割作业			
				高处作业			

续表

典型事故风险点	风险因子	要素	指标描述	特征值		现状描述	取值
煤气事故风险点	高风险设备	转炉本体	本质安全化水平	危险隔离（替代）			
				故障安全	失误安全		
					失误风险		
				故障风险	失误安全		
					失误风险		
		煤气回收和风机房系统		危险隔离（替代）			
				故障安全	失误安全		
					失误风险		
				故障风险	失误安全		
					失误风险		
		RH 真空脱气装置		危险隔离（替代）			
				故障安全	失误安全		
					失误风险		
				故障风险	失误安全		
					失误风险		
		中间包烘烤装置		危险隔离（替代）			
				故障安全	失误安全		
					失误风险		
				故障风险	失误安全		
					失误风险		
		钢包烘烤装置		危险隔离（替代）			
				故障安全	失误安全		
					失误风险		
				故障风险	失误安全		
					失误风险		
	高风险工艺	转炉系统	监测监控设施完好水平	转炉各层平台 CO 浓度监测	失效率		
				转炉中控室区域 CO 浓度监测	失效率		
		煤气回收和风机房系统		风机房 CO 浓度监测	失效率		
				风机后煤气氧含量报警	失效率		
				转炉煤气水封液位指示、报警、联锁	失效率		
				煤气放散点火监控			

续表

典型事故风险点	风险因子	要素	指标描述	特征值		现状描述	取值
煤气事故风险点	高风险工艺	RH真空脱气装置		区域CO浓度监测	失效率		
				区域CO浓度报警	失效率		
		中间包烘烤装置		烘烤装置熄火报警、联锁	失效率		
		钢包烘烤装置		区域CO浓度报警	失效率		
				烘烤装置熄火报警、联锁	失效率		
		视频监控系统		视频监控	失效率		
	高风险场所	转炉煤气风机房	人员风险暴露	"人员风险暴露"根据事故风险模拟计算结果,暴露在事故影响范围内的所有人员(包含作业人员及周边可能存在的人员)			
		其他煤气影响区域					
	高风险物品	煤气(转炉煤气、焦炉煤气)	物质危险性	煤气危险物质特性指数			
	高风险作业	危险作业	高风险作业种类数	OG(风机房)检修作业			
				污水槽抽堵盲板作业			
				煤气管道(冲洗、更换、停送)检修作业			
				有限空间作业			
				危险区域动火作业			
				金属焊接操作			
		特种设备操作人员		电工作业			
				焊接与热切割作业			
		特种作业人员		高处作业			
				煤气作业			

（2）氧气转炉法冶炼子单元"五高"动态风险指标，见附表 2-17。

附表 2-17　氧气转炉法冶炼子单元"五高"动态风险指标

典型事故风险点	风险因子	要素	指标描述	特征值		现状描述	取值
熔融金属事故风险点	高危风险监测监控特征指标	转炉系统	监测监控系统报警、预警情况	氧枪冷却水供水流量监测	报警值及报警频率		
				氧枪冷却水排水流量监测	报警值及报警频率		
				氧枪冷却水排水温度监测	报警值及报警频率		

续表

典型事故风险点	风险因子	要素	指标描述	特征值		现状描述	取值
熔融金属事故风险点	高危风险监测监控特征指标	转炉系统	监测监控系统报警、预警情况	氧枪卷扬张力检测与报警监测	报警值及报警频率		
				转炉冷却水供排水流量监测	报警值及报警频率		
				转炉冷却水供排水温度监测	报警值及报警频率		
				副枪进出水流量报警	报警值及报警频率		
				转炉倾动联锁控制	报警值及报警频率		
				氧枪升降联锁控制	报警值及报警频率		
				副枪升降联锁控制	报警值及报警频率		
				氧枪口、原料口冷却水的回水压力监测	报警值及报警频率		
		冶金起重机械		制动器	报警值及报警频率		
				驱动装置	报警值及报警频率		
				上升极限保护	报警值及报警频率		
				起重量限制器	报警值及报警频率		
				超速保护	报警值及报警频率		
				失电保护	报警值及报警频率		
		LF钢包精炼炉系统		冷却进水流量报警	报警值及报警频率		
				冷却回水流量报警	报警值及报警频率		
				冷却回水温度报警	报警值及报警频率		
		RH真空脱气装置		设备冷却水的流量测量及报警	报警值及报警频率		
				设备冷却水的温度测量及报警	报警值及报警频率		

续表

典型事故 风险点	风险 因子	要素	指标描述	特征值		现状 描述	取值
熔融 金属 事故 风险 点	高危 风险 监测 监控 特征 指标	连铸机系统	监测监控 系统报警、预 警情况	结晶器冷却事 故水控制	报警值及 报警频率		
				二次冷却事 故水控制	报警值及 报警频率		
				漏钢预报系统	报警值及 报警频率		
				安全水塔液位 报警	报警值及 报警频率		
		视频监控系统		视频监控	报警值及 报警频率		
	安全 生产 基础 管理 动态 指标	安全生产管理体系	安全保障 (制度、人员、 机构、教育培 训、应急、隐 患排查、风险 管理、事故管 理)	事故隐患等级/分档			
		现场管理	设备设施	事故隐患等级/分档			
			作业行为	事故隐患等级/分档			
	特殊 时期 指标	国家或地方重要活动					提档
		法定节假日					提档
		相关重特大事故发生 后一段时间内					提档
	高危 风险 物联 网指 标	外部因素	国内外实 时典型案例				提档
		内部因素	单元内各 类高危风险 物联网指标 状态	实时在线监测			
				定位追溯			
				报警联动			
				调度指挥			
				预案管理			
				远程控制			
				安全防范			
				远程维保			
				在线升级			
				统计报表			
				决策支持			
				领导桌面			
				其他			

续表

典型事故风险点	风险因子	要素	指标描述	特征值		现状描述	取值
熔融金属事故风险点	自然环境	气象灾害	暴雨、暴雪	降水量（气象部门预警级别）			提档
		地震灾害	地震	监测			提档
		地质灾害	如崩塌、滑坡、泥石流、地裂缝等				提档
		海洋灾害	——				提档
		生物灾害	——				提档
		森林草原灾害	——				提档
煤气事故风险点	高危风险监测监控特征指标	转炉系统	监测监控设施完好水平	转炉各层平台CO浓度监测	报警值及报警频率		
				转炉中控室区域CO浓度监测	报警值及报警频率		
		煤气回收和风机房系统		风机房CO浓度监测	报警值及报警频率		
				风机后煤气氧含量报警	报警值及报警频率		
				转炉煤气水封液位指示、报警、联锁	报警值及报警频率		
				煤气放散点火监控	报警值及报警频率		
		RH真空脱气装置中间包烘烤装置		区域CO浓度监测	报警值及报警频率		
				区域CO浓度报警	报警值及报警频率		
				烘烤装置熄火报警、联锁	报警值及报警频率		
		钢包烘烤装置		区域CO浓度报警	报警值及报警频率		
				烘烤装置熄火报警、联锁	报警值及报警频率		
		视频监控系统		视频监控	报警值及报警频率		
	安全生产基础管理动态指标	安全生产管理体系	安全保障（制度、人员、机构、教育培训、应急、隐患排查、风险管理、事故管理）	事故隐患等级/分档			

续表

典型事故风险点	风险因子	要素	指标描述	特征值		现状描述	取值
煤气事故风险点	安全生产基础管理动态指标	现场管理	设备设施	事故隐患等级/分档			
			作业行为	事故隐患等级/分档			
	特殊时期指标	国家或地方重要活动					提档
		法定节假日					提档
		相关重特大事故发生后一段时间内					提档
	高危风险物联网指标	外部因素	国内外实时典型案例				提档
		内部因素	单元内各类高危风险物联网指标状态	实时在线监测			
				定位追溯			
				报警联动			
				调度指挥			
				预案管理			
				远程控制			
				安全防范			
				远程维保			
				在线升级			
				统计报表			
				决策支持			
				领导桌面			
				其他			
	自然环境	气象灾害	暴雨、暴雪	降水量(气象部门预警级别)			提档
		地震灾害	地震	监测			提档
		地质灾害	如崩塌、滑坡、泥石流、地裂缝等				提档
		海洋灾害	——				提档
		生物灾害	——				提档
		森林草原灾害	——				提档

4. 炉外法冶炼子单元

（1）炉外法冶炼子单元"五高"固有风险指标，见附表 2-18。

附表 2-18　炉外法冶炼子单元"五高"固有风险指标

风险点	风险因子	要素	指标描述	特征值		现状描述	取值
熔融金属事故风险点	高风险设备	熔炉	本质安全化水平	危险隔离(替代)			
				故障安全	失误安全		
					失误风险		
				故障风险	失误安全		
					失误风险		
	高风险工艺	熔炉安全装置	监测监控完好水平	冷却水流量、温度监测	失效率		
				生产过程安全联锁、报警监测	失效率		
	高风险场所	熔炉区域	人员风险暴露	"人员风险暴露"根据事故风险模拟计算结果,暴露在事故影响范围内的所有人员(包含作业人员及周边可能存在的人员)			
	高风险物品	铁水	物质危险性	铁水危险物质特性指数			
	高风险作业	危险作业	高风险作业种类数	炉外冶炼作业			

（2）炉外法冶炼单元"五高"动态风险指标，附表 2-19。

附表 2-19　炉外法冶炼单元"五高"动态风险指标

典型事故风险点	风险因子	要素	指标描述	特征值		现状描述	取值
熔融金属事故风险点	高危风险监测监控特征指标	熔炉安全装置	监测监控系统报警、预警情况	冷却水温度监测	报警值及报警频率		
				冷却水温度监测	报警值及报警频率		
				视频监控	报警值及报警频率		
	安全生产基础管理动态指标	安全生产管理体系	安全保障(制度、人员、机构、教育培训、应急、隐患排查、风险管理、事故管理)	事故隐患等级/分档			
		现场管理	设备设施	事故隐患等级/分档			
			作业行为	事故隐患等级/分档			

续表

典型事故风险点	风险因子	要素	指标描述	特征值		现状描述	取值
熔融金属事故风险点	特殊时期指标	国家或地方重要活动					提档
		法定节假日					提档
		相关重特大事故发生后一段时间内					提档
	高危风险物联网指标	外部因素	国内外实时典型案例				提档
		内部因素	单元内各类高危风险物联网指标状态	实时在线监测			
				定位追溯			
				报警联动			
				调度指挥			
				预案管理			
				远程控制			
				安全防范			
				远程维保			
				在线升级			
				统计报表			
				决策支持			
				领导桌面			
				其他			
	自然环境	气象灾害	暴雨、暴雪	降水量(气象部门预警级别)			提档
		地震灾害	地震	监测			提档
		地质灾害	如崩塌、滑坡、泥石流、地裂缝等				提档
		海洋灾害	——				提档
		生物灾害	——				提档
		森林草原灾害	——				提档

六、铜冶炼单元

1. 铜冶炼单元"五高"固有风险指标

铜冶炼单元"五高"固有风险指标,见附表2-20。

附表 2-20 铜冶炼单元"五高"固有风险指标

典型事故风险点	风险因子	要素	指标描述	特征值		现状描述	取值
熔融金属事故风险点	高风险设备	转炉	水质安全化水平	危险隔离(替代)			
				故障安全	失误安全		
					失误风险		
				故障风险	失误安全		
					失误风险		
		冶金起重机械		危险隔离(替代)			
				故障安全	失误安全		
					失误风险		
				故障风险	失误安全		
					失误风险		
		熔炼炉(反射炉、闪速炉等)		危险隔离(替代)			
				故障安全	失误安全		
					失误风险		
				故障风险	失误安全		
					失误风险		
		盛装铜水与液渣的罐(包、盆)等容器		危险隔离(替代)			
				故障安全	失误安全		
					失误风险		
				故障风险	失误安全		
					失误风险		
	高风险工艺	冰铜吹炼	监测监控设施完好水平	冷却水供水流量监测	失效率		
				冷却水排水流量监测	失效率		
				冷却水排水温度监测	失效率		
				风口风压监测	失效率		
				风口风量监测	失效率		
				转炉倾动联锁控制	失效率		

续表

典型事故风险点	风险因子	要素	指标描述	特征值		现状描述	取值
熔融金属事故风险点	高风险工艺	熔融铜液吊运	监测监控设施完好水平	制动器	失效率		
				驱动装置	失效率		
				上升极限保护	失效率		
				起重量限制器	失效率		
				超速保护	失效率		
				失电保护	失效率		
		造锍熔炼		设备冷却水的流量测量及报警	失效率		
				设备冷却水的温度测量及报警	失效率		
				火焰探测报警装置（针对氧气燃烧技术的）	失效率		
				燃料自动切断装置（针对氧气燃烧技术的）	失效率		
	高风险场所	铜包（罐）、中间包（罐）烘烤区	人员风险暴露	"人员风险暴露"根据事故风险模拟计算结果,暴露在事故影响范围内的所有人员(包含作业人员及周边可能存在的人员)			
		造锍熔炼区					
		转炉冰铜吹炼区					
		高温熔融金属影响区域					
	高风险物品	天然气	物质危险性	铁水危险物质特性指数			
		熔融铜液		钢水危险物质特性指数			
		熔渣		熔渣危险物质特性指数			
	高风险作业	危险作业	高风险作业种类数	转炉停炉、洗炉、开炉作业			
				转炉烟罩清渣作业			
				浇铸作业			
				锅炉作业			
				压力容器作业			
				压力管道作业			
		特种设备操作		电梯作业			
				起重机械作业			
				场（厂）内专用机动车辆作业			
				金属焊接操作			

续表

典型事故风险点	风险因子	要素	指标描述	特征值	现状描述	取值
熔融金属事故风险点	高风险作业	特种作业	高风险作业种类数	焊接与热切割作业		
				高处作业		
				天然气管道（冲洗、更换、停送）检修作业		
				有限空间作业		
				电工作业		
				危险区域动火作业		

2. 铜冶炼单元"五高"动态风险指标

铜冶炼单元"五高"动态风险指标，见附表 2-21。

附表 2-21　铜冶炼单元"五高"动态风险指标

典型事故风险点	风险因子	要素	指标描述	特征值	现状描述	取值
熔融金属事故风险点	高危风险监测监控特征指标	转炉系统	监测监控系统报警、预警情况	冷却水供水流量监测	报警值及报警频率	
				冷却水排水流量监测	报警值及报警频率	
				冷却水排水温度监测	报警值及报警频率	
				风口风压监测	报警值及报警频率	
				风口风量监测	报警值及报警频率	
				转炉倾动联锁控制	报警值及报警频率	
		冶金起重机械		制动器	报警值及报警频率	
				驱动装置	报警值及报警频率	
				上升极限保护	报警值及报警频率	
				起重量限制器	报警值及报警频率	
				超速保护	报警值及报警频率	
				失电保护	报警值及报警频率	

续表

典型事故风险点	风险因子	要素	指标描述	特征值		现状描述	取值
熔融金属事故风险点	高危风险监测监控特征指标	熔炼炉（反射炉、闪速炉等）	监测监控系统报警、预警情况	设备冷却水的流量测量及报警	报警值及报警频率		
				设备冷却水的温度测量及报警	报警值及报警频率		
				火焰探测装置	报警值及报警频率		
				燃料自动切断装置	报警值及报警频率		
		视频监控系统		视频监控	报警值及报警频率		
	安全生产基础管理动态指标	安全生产管理体系	安全保障（制度、人员、机构、教育培训、应急、隐患排查、风险管理、事故管理）	事故隐患等级/分档			
		现场管理	设备设施	事故隐患等级/分档			
			作业行为	事故隐患等级/分档			
	特殊时期指标	国家或地方重要活动					提档
		法定节假日					提档
		相关重特大事故发生后一段时间内					提档
	高危风险物联网指标	外部因素	国内外实时典型案例				提档
		内部因素	单元内各类高危风险物联网指标状态	实时在线监测			
				定位追溯			
				报警联动			
				调度指挥			
				预案管理			
				远程控制			
				安全防范			
				远程维保			
				在线升级			
				统计报表			
				决策支持			
				领导桌面			
				其他			

续表

典型事故风险点	风险因子	要素	指标描述	特征值	现状描述	取值
熔融金属事故风险点	自然环境	气象灾害	暴雨、暴雪	降水量（气象部门预警级别）		提档
		地震灾害	地震	监测		提档
		地质灾害	如崩塌、滑坡、泥石流、地裂缝等			提档
		海洋灾害	——			提档
		生物灾害				提档
		森林草原灾害				提档

七、有色金属铸造单元

1. 有色金属铸造单元"五高"固有风险指标

有色金属铸造单元"五高"固有风险指标，见附表 2-22。

附表 2-22　有色金属铸造单元"五高"固有风险指标

典型事故风险点	风险因子	要素	指标描述	特征值		现状描述	取值
熔融金属事故风险点	高风险设备	冶金起重机械	本质安全化水平	危险隔离（替代）			
				故障安全	失误安全		
					失误风险		
				故障风险	失误安全		
					失误风险		
		冶金炉(熔炼炉)		危险隔离（替代）			
				故障安全	失误安全		
					失误风险		
				故障风险	失误安全		
					失误风险		
		浇铸车		危险隔离（替代）			
				故障安全	失误安全		
					失误风险		
				故障风险	失误安全		
					失误风险		

续表

典型事故风险点	风险因子	要素	指标描述	特征值		现状描述	取值
熔融金属事故风险点	高风险设备	连铸机	本质安全化水平	危险隔离（替代）			
				故障安全	失误安全		
					失误风险		
				故障风险	失误安全		
					失误风险		
	高风险工艺	金属熔炼	监测监控设施完好水平	设备冷却水的流量测量及报警	失效率		
				设备冷却水的温度测量及报警	失效率		
		熔融金属吊运		制动器	失效率		
				驱动装置	失效率		
				上升极限保护	失效率		
				起重量限制器	失效率		
				超速保护	失效率		
				失电保护	失效率		
		金属浇注		结晶器冷却事故水控制	失效率		
				二次冷却事故水控制	失效率		
				漏液预报系统	失效率		
				安全水塔液位报警	失效率		
	高风险场所	烘烤区域	人员风险暴露	"人员风险暴露"根据事故风险模拟计算结果,暴露在事故影响范围内的所有人员（包含作业人员及周边可能存在的人员）			
		铸造区域					
		高温熔融金属转运、滞留区域					
	高风险物品	熔融液体	物质危险性	铁水危险物质特性指数			
		熔渣		钢水危险物质特性指数			
	高风险作业	危险作业	高风险作业种类数	倒罐作业			
				熔融溶液吊运作业			
				浇铸作业			
				锅炉作业			
		特种设备操作		压力容器作业			
				压力管道作业			

续表

典型事故风险点	风险因子	要素	指标描述	特征值	现状描述	取值
熔融金属事故风险点	高风险作业	特种设备操作	高风险作业种类数	电梯作业		
				起重机械作业		
				场(厂)内专用机动车辆作业		
				金属焊接操作		
		特种作业		焊接与热切割作业		
				高处作业		
				天然气管道(冲洗、更换、停送)检修作业		
				有限空间作业		
				电工作业		
				危险区域动火作业		

2. 有色金属铸造单元"五高"动态风险指标

有色金属铸造单元"五高"动态风险指标，见附表 2-23。

附表 2-23　有色金属铸造单元"五高"动态风险指标

典型事故风险点	风险因子	要素	指标描述	特征值		现状描述	取值
熔融金属事故风险点	高危风险监测监控特征指标	冶金起重机械	监测监控系统报警、预警情况	制动器	报警值及报警频率		
				驱动装置	报警值及报警频率		
				上升极限保护	报警值及报警频率		
				起重量限制器	报警值及报警频率		
				超速保护	报警值及报警频率		
				失电保护	报警值及报警频率		
		金属熔炼		设备冷却水的流量测量及报警	报警值及报警频率		
				设备冷却水的温度测量及报警	报警值及报警频率		

续表

典型事故风险点	风险因子	要素	指标描述	特征值		现状描述	取值
熔融金属事故风险点	高危风险监控监测特征指标	金属浇注		结晶器冷却事故水控制	报警值及报警频率		
				二次冷却事故水控制	报警值及报警频率		
				漏液预报系统	报警值及报警频率		
				安全水塔液位报警	报警值及报警频率		
		视频监控系统		视频监控	报警值及报警频率		
	安全生产基础管理动态指标	安全生产管理体系	安全保障（制度、人员、机构、教育培训、应急、隐患排查、风险管理、事故管理）	事故隐患等级/分档			
		现场管理	设备设施	事故隐患等级/分档			
			作业行为	事故隐患等级/分档			
	特殊时期指标	国家或地方重要活动					提档
		法定节假日					提档
		相关重特大事故发生后一段时间内					提档
	高危风险物联网指标	外部因素	国内外实时典型案例				提档
		内部因素	单元内各类高危风险物联网指标状态	实时在线监测			
				定位追溯			
				报警联动			
				调度指挥			
				预案管理			
				远程控制			
				安全防范			
				远程维保			
				在线升级			
				统计报表			
				决策支持			
				领导桌面			
				其他			

续表

典型事故风险点	风险因子	要素	指标描述	特征值	现状描述	取值
熔融金属事故风险点	自然环境	气象灾害	暴雨、暴雪	降水量（气象部门预警级别）		提档
		地震灾害	地震	监测		提档
		地质灾害	如崩塌、滑坡、泥石流、地裂缝等			提档
		海洋灾害	——			提档
		生物灾害	——			提档
		森林草原灾害	——			提档